# トンデモUFO入門

山本 弘＋皆神龍太郎＋志水一夫
と学会

## ホプキンスビルの宇宙人

画：小松崎龍海　文：山本弘

1955年8月21日の夜、米ケンタッキー州ホプキンスビルのサットン農場で、ビリー青年はUFOが農場のそばに着陸するのを目撃した。まもなく身長1メートルほどの宇宙人が家に近づいてきた。体は銀色で、頭はタマゴ形、黄色く光る目がゾウのような耳があり、腕は足の二倍もの長さがあった。男たちがライフルと散弾銃で撃ったが、まるで効果がなかった。

「もう行っただろうか」

しばらくしてビリーが家の外に出ると、屋根の上からかぎ爪が伸びてきて彼の髪にふれた。宇宙人は屋根の上にいたのだ！ライフルで撃つと、宇宙人はふわりと浮き上がって林に姿を消した。その後も宇宙人は家の周囲に出没し、サットン一家をおびえさせた。たまりかねて一家は車で逃げ出したのだった。

# 3メートルの宇宙人
(フラットウッズ・モンスター)

画：今道栄治　文：山本弘

「あー、あれは何だっ!?」
1952年9月12日の夕方、米ウェスト・バージニア州フラットウッズで、山の中に赤く光る物体が落下するのを、5人の少年が目撃した。そのひとりのメイ少年が、母親のキャスリーンと州兵隊員のジーン青年に知らせ、7人で森の中へ探しに行った。
彼らの前に現われたのは、身長3メートルもある怪人だった！　頭はスペードのような形で、顔は赤く、目は青みがかったオレンジ色に光っていた。シューという音を立てて空中を浮遊して移動し、ひどい悪臭を放っていた。
「うわーっ、逃げろ！」
恐ろしくなった彼らはあわてて逃げ出したが、悪臭を吸ったためにしばらく気分が悪くなった。その後、保安官たちが森に入ったが、すでに宇宙人は姿を消していた。

アメリカ・カリフォルニア州
1955年8月22日
空中に円盤といくつかの物体が出現、その中から身長1メートルほど、眼も口も大きく真っ赤な宇宙人が現れた。鼻にあたる部分には、菱形が四つ並んでいたという。

アメリカ・ニューハンプシャー州
1973年11月2日
早朝、車を運転していた女性の上に現れたUFOに乗っていた宇宙人。小柄で、目が大きく、灰色がかっていて、しわくちゃな顔をしていたいう。実はグレイの原型？

アメリカ・カリフォルニア州
1976年11月21日
詳細不明。UFOの中に搭載されているコンピュータの中から現れたという

アメリカ・ネバダ州
1976年1月29日
ミュージシャンのジョニーが巨大なUFOと遭遇。UFOからはふたりの宇宙人が現れ、ジョニーにいくつか質問をしたあと、10分後には飛び去った

ブラジル・イタベルナ
1971年9月22日
詳細不明。全身タイツ？

# グレイより面白い！
# これが世界の宇宙人だ！

映画『未知との遭遇』から始まったといわれる「宇宙人総グレイ化現象」。だが、宇宙人はグレイだけではない！このバリエーション豊かな宇宙人たちを見よ！

165°E　180°　165°W　150°　135°　120°　105°　90°　75°　60°　45°　30°

Miller's projection

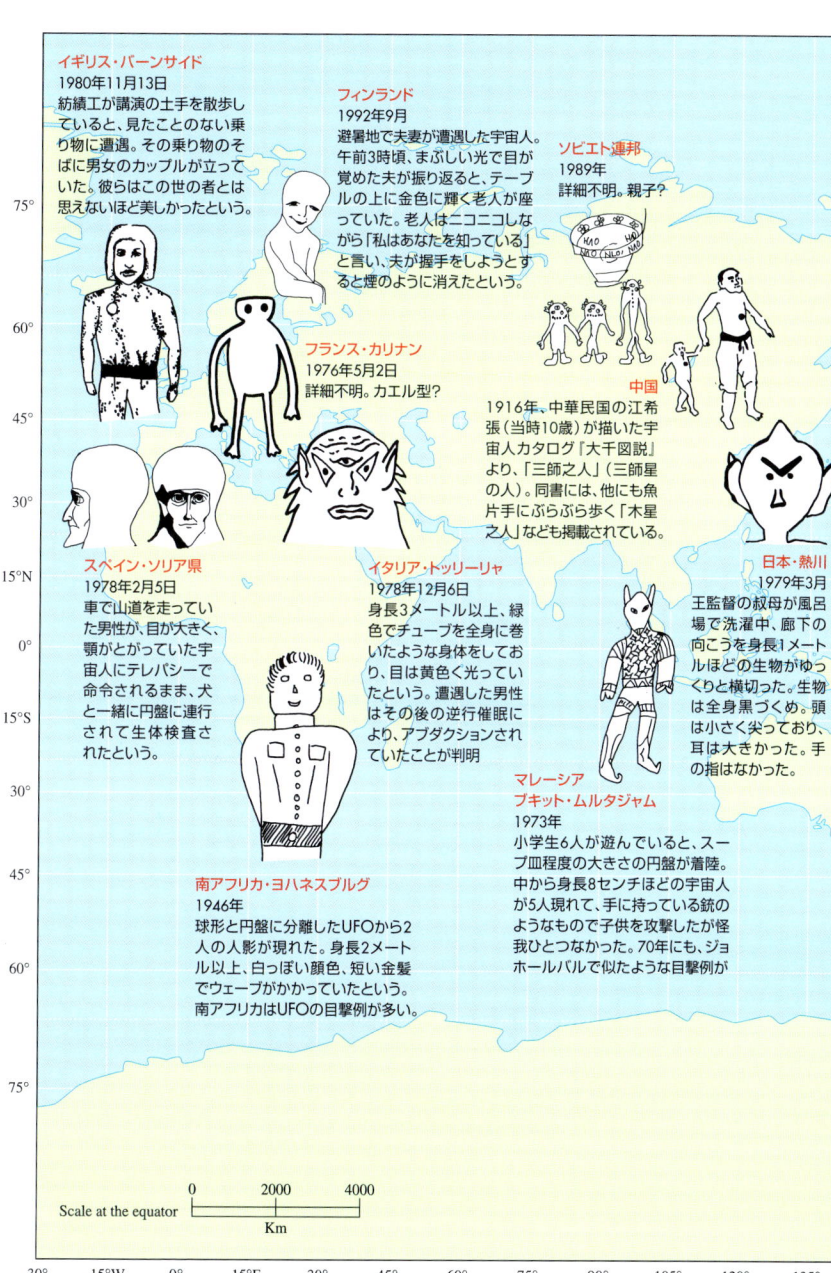

# 理屈抜き！
# これがUFOだ！

UFOマニアもUFO初心者も、これを見てUFOの楽しさを知ってくれ！

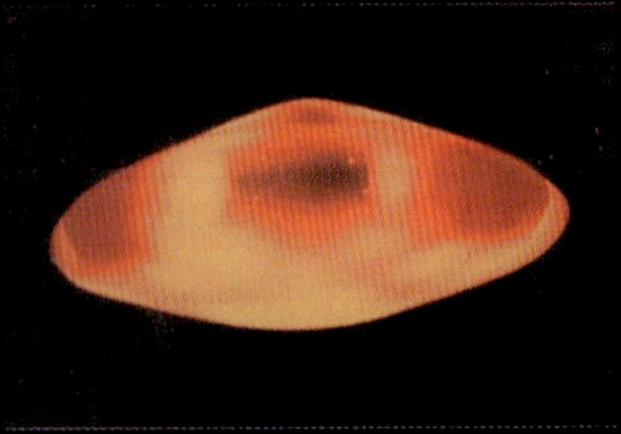

91年、メキシコで撮影されたというUFO。

イギリスで撮影されたUFO。遠くまで輪郭ハッキリクッキリ

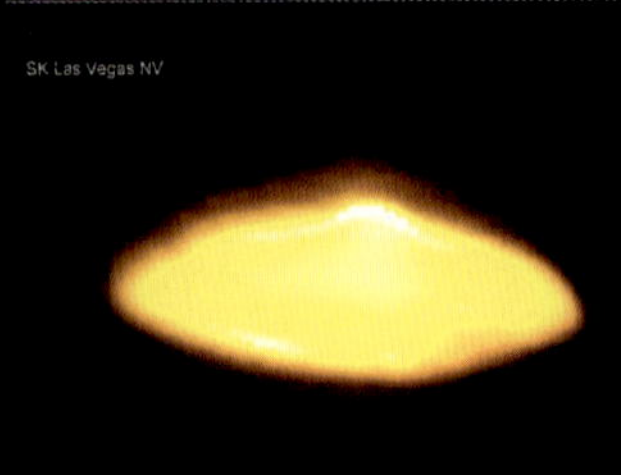

ラスベガスのUFO。メキシコのUFOと似てる？

UFO界のスタンダード！？ウンモ星人の空飛ぶ円盤

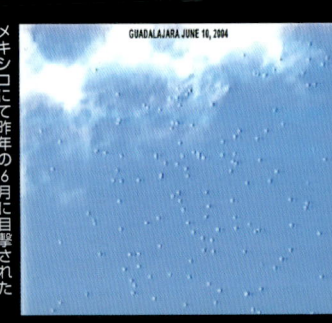

ナチスがUFOを作っていた！？レーザー砲まで装備！？

見る者の度肝を抜いた、ニューヨークに現れたUFO！ CGならここまで芸を見せるべし！

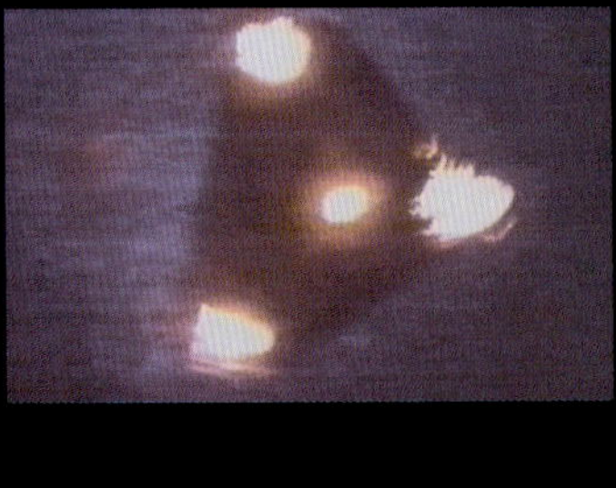

メキシコにて昨年の6月に目撃されたUFO大編隊！……渡り鳥？

ベルギーで目撃された三角UFO！ ただしこれは作り物

フライング・ヒューマノイドって、もう古い？

## はじめに

## われらUFO馬鹿！

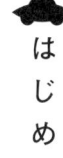

山本弘（SF作家・と学会会長）

京極夏彦・村上健司・多田克巳『妖怪馬鹿』（新潮OH文庫）という本がある。それぞれ妖怪についての著書があり、日本で最も妖怪に造詣の深い3人が、その豊富な知識を基に、妖怪にまつわる濃い話題を、マニアックなギャグを交えて語りまくるという痛快な本だ。タイトルの「馬鹿」には、「自分たちはこれほど妖怪が好きだ」という著者たちの熱い想いがこめられている。

それを読んだ時、すごく羨ましく感じた。こんな楽しい本、作ってみたいと。そして「同じ手法でUFOの本が作れるんじゃないか」と思いついた。僕・志水一夫・皆神龍太郎……この3人の知識を集めれば、けっこう面白い本になるんじゃないかと。

だから最初、本書のタイトルは『UFO馬鹿』にするつもりだった。まあ、さすがにそこまで真似しちゃ悪いと思って変更したのだが、コンセプトはおおいに参考にさせていただいた。

一般の人はUFOというと「宇宙人の乗り物」という程度の認識しかないのではあるまいか。UF

O関係の用語でも、せいぜい「ロズウェル」とか「エリア51」とか「エイリアン・アブダクション」といった言葉を知っている程度。宇宙人というとグレイ・タイプしか思い浮かばないのではないか。

そうじゃない！

『未知との遭遇』や『X-ファイル』のような世界がUFOのすべてだと思って欲しくない。これまでに目撃が報告されている「宇宙人」の姿形はバラエティに富んでいて、その行動は奇妙奇天烈、抱腹絶倒、摩訶不思議なものばかりなのだ。UFO界には様々な珍説を唱える研究者がいて、カルト団体や狂信者が火花を散らし、いろんな変な事件が起きているのだ。

それは言ってみれば地球規模の思いこみで構築された壮大な物語体系、まさに現代の妖怪談であり、20世紀の生んだ最大の神話なのである。21世紀になり、ロズウェルもエイリアン・アブダクションもミステリー・サークルも下火になった今こそ、20世紀を席巻したUFOという現象はいったい何だったのか、振り返って検証してみるべきではないかと思う。

ここで僕たちが語っている内容は、壮大で奥深いUFO学の世界のほんの入口、初心者向けの入門編にすぎない。原稿を読み直して、「あー、UFO詐欺事件について触れるの忘れた」とか「UFOの飛行原理に関する珍説奇説の数々にも触れておくべきだったか」とか「あの人とかあの人について喋ってないなあ」とか、ずいぶん面白い話題を語り落としていることに気づく。それらはいずれどこかで語る機会もあるだろう。

読んでいただければわかるが、UFOの世界はめちゃくちゃ怪しくて、めちゃくちゃ楽しい！ その楽しさを多くの人に知っていただきたいと願うのである。

# Contents
## 目次

トンデモUFO入門

● カラーで見るUFO事件　画：小松崎龍海　文：山本弘
　ホプキンスビルの宇宙人
　3メートルの宇宙人
● 世界の宇宙人小図鑑　画：今道英治　文：山本弘
● これがUFO写真だ！

その1

まえがき …………………………………………………… 9

ロズウェルは有名じゃなかった!?
ロズウェルをめぐる人々
ロズウェル人気の秘密
円盤墜落ストーリーはフォークロア

第1章
これが最新＆最強のUFO事件だ！
メキシコのUFOとロズウェル事件 …………… 18

UFO写真はローテクで！
第二のロズウェル事件!?

第2章
グレイが世界を支配する!?
時代と地域とUFO観 …………… 56

ケネス・アーノルドと"UFOを編集した男"
マンテル事件を忘れるな！

幽霊飛行船も墜落する
アメリカとヨーロッパのUFO観
UFOは「よくわからん何か」説
最近の宇宙人は色気がない！
イスラムUFOに頑張ってもらおう

## 第3章 元ネタはコレだ!? 映像で見るUFOと宇宙人……78

決戦！UFO対爆撃機!?
北朝鮮がUFOを飛ばす!?

## 第4章 全部信じてました!? 我々はいかにUFOにのめりこんでいったのか…94

「ユー・フォー」か「ユー・エフ・オー」か
志水一夫、衝撃の告白！
SFとUFOの微妙な関係
山本弘、衝撃の告白！
皆神龍太郎、いきなりサイコップ入り！
恋とオカルト、コックリさん

## 第5章 UFOも面白いが、UFO研究者たちも面白い！……112

「雨の中、ご苦労さん」と宇宙人に言われた！
長男はUFOにハマりやすい？
アイバン・T・サンダースンは凄い！
君はドラゴン・トライアングルを知っているか？
ナメクジはテレポートする！
UFOの元ネタはやっぱりSF？

## その3

### 第6章 やった！ 本物……かな？ 我、UFOを目撃す⋯⋯139

- 山本&皆神のUFO目撃体験
- つのだじろうのUFO目撃体験
- アルカイダがUFOでやってくる!?
- UFOの研究をしても女性にモテない！
- UFOがあなたを助けてくれる
- わけのわからないことは宇宙人のしわざ
- オカルトも実利優先主義の時代
- マリー・アントワネットと火星人の生まれ変わり
- UFOと霊とチャネリング
- 宇宙人に言われりゃ何でも感動！
- アンデルセンの親父のマジック説教
- 宇宙人に芝居を見せられた！
- 出没！「火が欲しい」宇宙人
- 宇宙人は犬嫌い

### 第7章 私は宇宙人に会った！ アダムスキーとコンタクティーたち⋯⋯162

- アダムスキーは一発芸

### 第8章 矢追純一！ ユリ・ゲラー！ 秋山眞人！ 決戦！UFO対超能力者!?⋯⋯183

- UFOのことをもっと知ってくれ！
- 矢追特番DVD化希望！
- もっと頑張れ！ 矢追さん
- ユリ・ゲラーと宜保愛子の驚異の霊視実験
- 秋山眞人の伝説
- スプーン曲げの極秘テクニック

第9章 **UFOは20世紀最大の神話**……204

UFOは冷戦時代の産物だった
ビリーバーは宇宙人をナメている？
UFOの写真には著作権がない！
UFOイコール、プロレス論
すごいUFO事件が見たい！

【UFO用語の基礎知識】
ケネス・アーノルドからラエルまで　超有名UFO事件10本勝負！……48
事件が先か？　映画が先か？　必見！　UFO映画レビュー……86
UFO界の偉人？　異人？　UFO人物伝……133
さらに深く知りたくなった人のために　推薦UFO図書一覧……221
UFO年表……227

## これが最新＆最強のUFO事件だ！
## メキシコのUFOとロズウェル事件

**山本** まずは、いちばん新しい話題から始めたいんだけど……。最近、やっぱりUFOの面白い事件って少ないでしょ？

**皆神** ないねぇ。

**山本** ちょっと面白いなと思ったのは、例のメキシコ空軍が発表したUFO事件ね。

**皆神** あれがいちばん新しくて、いちばん有名になった事件だよね。ただ、新しいといっても2004年の事件だというところが、最近のUFO界の不作さ加減をいかにも表しているようで、ちょっと情けない。

**山本** 『週刊プレイボーイ』にまで出てたのにね。

**皆神** 日本のメディアは、UFO事件なんてのは無視するのが常なんだけど、あの事件で撮影されたUFOのビデオ映像は、普通のニュース番組でも紹介されていたわけだから。でも、あの事件、と学会の人でさえ知らない人がけっこういたんだよ。

### メキシコ空軍が発表したUFO事件

2004年5月11日、メキシコ国防省がUFOの映像を発表した（実際に撮影されたのは、同年の3月5日）。カンペチェ州南部の上空にて、同国空軍のパイロットが赤外線機器を用いて撮影しており、11個の光の点が確認できる。空軍機で追跡を始めたものの、追跡を中止するとともに光は消えてしまったという。

これが最新&最強UFO事件だ！　メキシコのUFOとロズウェル事件

メキシコ空軍が発表したUFO映像。雲の上にいくつかの光点が確認できる

**山本**　えっ！そうなの？

**皆神**　と学会員ですら知らないというのは、世の中の人の関心がUFOからいかに離れてしまったのかということだよね。それはちょっとショックだったな。

**山本**　矢追（純一）さんの漫画には、「メキシコ国防省から流出したUFO映像」と書いてあるんだけど、「流出」じゃないだろ！（笑）

**皆神**　まあ、メキシコ空軍から「外に流れ出た」という意味では間違いじゃないけど（笑）。本当はメキシコ空軍から地元のUFO研究家が、手渡しでビデオをもらったんだよ。映像に映っていたUFOの正体がメキシコ空軍にもわからなくて、民間の研究家に協力を求めたってこと。まともなニュース番組がこの事件を扱ったのも、UFO映像のソースが民間人ではなくて、れっきとしたメキシコ空軍だったということが大きく影響したんだ。

**山本**　でも、結局、謎は解けちゃったんだよね。

**矢追純一**
→P138参照

**矢追（純一）さんの漫画**
2004年発売の『矢追純一 UFO機密ファイル』（竹書房）のこと。矢追氏の過去のUFO特番がマンガ化されている。

19

# 第1章◎これが最新＆最強ＵＦＯ事件だ！　メキシコのＵＦＯとロズウェル事件

**皆神** ただ、謎が解けたってことを知っている人は、いまだにごく一部なんだよ。

**志水** 僕も知らなかった（笑）。

**皆神** 海外のメディアでもまともに流れてないからね。いわゆるＵＦＯ好きのグループの中だけで話がほとんど終わっちゃったんだ。一部で論争もあったけどね。だいたい、ＵＦＯもそうだけど、超常現象ネタって、事件が起きたときはいかにもすごいことが起きたかのようにみんなで大騒ぎをするんだけど、その正体が解明された時点になるともう飽きちゃって、どこもちゃんと報道してくれないんだよ。もっとも、最初に大騒ぎをしちゃった手前、非常に情けない正体であることがわかってしまうと、その結末を報道するのを躊躇してしまうということもあるだろうね。

**志水** で、結局何だったの？

**皆神** いちばん可能性が高くて、まず間違いないと思われるのが、油井。いわゆるオイルコンビナート。

**志水** へぇー。

**皆神** メキシコ湾にはいくつもオイルコンビナートが建っていて、そこで炎があがっているんだよ。ビデオに映っているＵＦＯもどきの映像は、ＵＦＯ映像としてみれば、まことにつまんない退屈な映像なの。いくつかの光の球が幾何学的に綺麗な形に並んだまま、雲の合間を左から右に平行移動していくというだけで、途中で急に乱舞をしてみせたりするとかいったサービス精神なんぞ、何にもない映像。このビデオに映っ

20

ている光の球は、たぶん間違いなく、油井の煙突から立ち上る炎を遠くから撮ったものですよ。いちばん大きな問題は、これが普通の写真ではなくて、赤外線写真であるということ。要するに、今まで誰も見たことがない、というか、誰も解析したことがない類の写真なの。だもんでみんな簡単に騙された。日本でこのビデオを見て「この物体は温度が何度だ」とか言っている人たちがいたけど、メキシコ空軍が使用している赤外線ビデオの機種やその設定状態もわからないまま、そんなことって言えるのかと思ったよ。赤外線写真は、熱を持ったものならかなり遠くのものでも映るけど、このビデオの場合はビデオを撮影した空軍機と油井の間は100キロ以上離れているからね。

**山本** 最初見たとき、光体の位置関係が変わらないから、地上に固定されているものなのかな、と思ったんだよね。

**皆神** ボクは地上の物体にしても俯角がものすごく浅く映っているので、ものすごく遠い物体なのか、またはやはり空中にあるものではないかと思っていた。普通の人間が地上に立っている状態では水平線までは4、5キロしか離れていないから、遠くにある地上の物体はもともと見えない。でもあのUFOビデオの場合は空軍機が高度3500メートルまで上がっていたから、かなり遠方まで真横の方向に見えてもおかしくはなかったわけ。電車に乗りながら、雲の合間に出ている月を見ているかのような感じに光球がうまく映っているんだよ。

## 第1章◎これが最新＆最強ＵＦＯ事件だ！　メキシコのＵＦＯとロズウェル事件

**山本**　月が追いかけてくるような感じ。

**皆神**　本当は向こうは止まっていて、こちらが動いているのに、まるで向こうが動いているように見える。だから雲が動いているんじゃないか、と思うような画像になってる。

**山本**　それがわからないなんて、メキシコ空軍が無能なのかもしれない（笑）。

**皆神**　でも、そんなこと言ったらアメリカの空軍だって……。

**志水**　年中、金星を追いかけてる。

**皆神**　プロジェクト・ブルーブックだってほとんど間違えたものばかり追いかけていたわけだからね。メキシコのＵＦＯは、映像としてはぜんぜんつまらないものだったんだけど、なぜこんなに騒がれたかというと「世界で初めて、政府が公に認めたＵＦＯ映像」だという触れ込みでニュースに流したからなんだよ。ニュースはなんでも世界で初めてが好きだから。

**志水**　例のブラジル大統領が、ってのもあるけどね。ブルーブックは空軍による調査だったけど、こっちは国家まるごとだから（笑）。

**皆神**　メキシコのほうは空軍というより、メキシコ空軍の一部が映像の正体が見破れなかっただけ。空軍が正体を見破れなかったＵＦＯ事件なんて、世界中にゴロゴロあるのにね。それにしても、どうしてこんなに騒がれたのかが不思議だよ。映像としてはまったく面白くないよね。光点が真横に移動するだけ。

---

**プロジェクト・ブルーブック**

1947年から1969年までの22年間、アメリカ空軍によって行われていたＵＦＯに関する調査を司っていた機関。調査を行っていたのはライトパターソン空軍基地にある、米空軍航空資材コマンド技術情報センター技術分析課航空機および推進セクション空中現象調査機関。当初はプロジェクト・サインと呼ばれ、翌48年にはプロジェクト・グラッジと改称、アレン・ハイネック博士も参加したが49年に閉鎖。再び52年にプロジェクト・ブルーブックが設立された。各事例の目撃日時、目撃場所、分析に用いた空軍の評価などに対する各種の報告、分析に用いた各種の報告、それに対する空軍の評価などが全94巻のマイクロフィルムに収められている。当初は機密扱いだったが1976年の情報公開法により、現在では公文書館にあ

これが最新＆最強ＵＦＯ事件だ！　メキシコのＵＦＯとロズウェル事件

**志水** それはやっぱり映像だからだよ。テレビは結局、映像がないと。どこかの国で何十万人虐殺されていても、映像がないとぜんぜんフォローされないでしょう。逆に映像とか写真があると、あやしいもので大きく扱われて、あとで間違いだとわかっても訂正は小さいし、第一印象が大きく残ってしまう。政治的プロパガンダと同じだね。

## ◆ＵＦＯ写真はローテクで！

**山本** これだけＣＧが発達しているんだから、そろそろ誰か作ればいいんだよ、すごくカッコいいＵＦＯの映像を（笑）。

**皆神** いままで出てきた中で、いちばんカッコいいＵＦＯの映像といえば、同じくメキシコの、ビルの向こうをグルグル回転しながら飛んで行くＵＦＯ。これもＣＧの可能性が高い。カッコいいという意味ではよくできている。ただ惜しむらくは、回転する際に微妙に左右に揺れないでほしかったな。もっとちゃんと重心を決めたモデル作れよって（笑）。

**山本** あと、『これマジ!?』で放送されたニューヨークのＵＦＯはカッコよかった！

**皆神** あれはよかったね！（笑）　崩れる前のツインタワービルの向こうから現れて、ドーンと空にあがっていく。

**山本** そのままヘリコプターに接近して、ビューン！と飛行機雲を残して飛び去って

---

るいはウェブサイト（http://www.blue-bookarchive.org/）で閲覧することができる

例のブラジル大統領58年に起こったトリンダーデ事件の際、海軍が調査して正体不明だったＵＦＯ写真を大統領命令で公表してしまった。間接的な政府公認ＵＦＯ写真である。

ビルの向こうをグルグル回転しながら飛んでいくＵＦＯ　1997年8月6日の夕方、メキシコの首都メキシコシティから車で40分ほどの距離にあるトーマス・デル・チャミサル地区のビル街で目撃されたというＵＦＯ。

いく。

**皆神** あれはもうスゲえかっこいい（笑）。遠近感はあるし、動きもあるし、音も入ってる。昔、大阪のUFO研究家の高梨（純一）さんと話していたんだけど、高梨さんはUFOの写真なんてローテクばっかりだって言うんだ。CGなんてまず絶対ない。ほとんどが糸で上から吊り下げたりする情けないものばかり。デジタル技術が進めばリアルなUFO映像が作られるんじゃないかと思うけど、そんな技術を持っているような奴はそもそもUFO写真なんか作らない（笑）。これだけ誰でもフォトショップを弄れる時代になったのに誰も作らないよね。

**山本** もっと作ってもいいと思うよね。手作り感覚を大事にしてほしいね。

**皆神** どんどん作って我々に送ってほしいよ（笑）。でも、UFOはローテクであってほしい。

**志水** 合成の写真すら思いつかないよね。だいたい「吊り」か「投げ」か。CGでミステリーサークルの生成映像を作った連中がいたけど。せいぜい何かをガラスに貼り付けて撮影したものぐらい。それ以上高度な合成写真は見ないよ。遠景がハッキリしてるのに、異様に近景がボヤけていたり。厚紙切ってそのままガラスに貼るなよ、ってのが多い（笑）。

**志水** 「グラス・ワーク」と言うと、ちょっとカッコいいぞ（笑）。

**山本** あとはせいぜい二重露光かな。

**ニューヨークのUFO**
2000年11月、ニューヨークのワールドトレーディングセンタービル付近で目撃されたUFO。ヘリコプターより撮影されている。この様子は2001年6月23日、『不思議どっとテレビ。これマジ!?』（テレビ朝日系）にて放映された。

**高梨純一**
→P137参照

## ◆第二のロズウェル事件⁉

**山本** そういえばこの前、FOXテレビでやっていた「第二のロズウェル事件」って知ってる？

**皆神** え、どこで起こったやつ？

**山本** ペンシルバニア州のケックスバーグというところへ1965年にUFOが落ちたということを報じてるんだけど、FOXテレビだから怪しいの（笑）。

**皆神** FOXだからねぇ。FOXテレビでUFOといえば「宇宙人解剖ビデオ」（笑）。なんでもやるよ。

**山本** 番組には現地の人たちが出てててね。森の中に何か落ちたって騒ぎになったらしいんだけど、消防団の人が「現地に駆けつけたけどUFOも見てないし、軍人が来ているのを見ていない」と言っている一方で、「兵隊が50人以上来た」と言っている人もいる（笑）。どっちかが嘘をついてる（笑）。緘口令でも出てるのかな（笑）。矛盾しすぎ！

**志水** その番組のビデオ、ボクも見ました。ただ、一部住民が嘘をついているという

**志水** UFOはやっぱりローテクだね。

**皆神** だからよく墜落するんだよ（笑）。

---

ロズウェル事件
→P52参照

宇宙人解剖ビデオ（フィルム）
ロズウェル事件で墜落した宇宙人を解剖している模様を撮影した、という触れ込みのビデオ（フィルム）。1995年8月28日、アメリカのFOXテレビが1時間の特番を組んで放送。以降、イギリスのチャンネル4、日本のフジテレビなどで特番が組まれ、大々的に放送された。また、扶桑社よりムック本、ポニーキャニオンよりビデオソフトを発売されていた。

**山本** よりも、勘違いをしたまま、記憶が固定されてしまった人がいる、という気がした。人間の記憶というものは簡単に書き換えられちゃうものだから、この番組の前に作られたケックスバーグの番組では、住民たちが「こんなもの放映するな」という住民運動を起こしたんだよね(笑)。

**神** なんだ、それ!?(笑)

**山本** 僕が住民運動の話を聞いたのは、もう6、7年ぐらい前かな。

**皆** え、そんな前?

**神** えーと、『Kecksburg: The Untold Story』という番組のタイトル。98年、スタン・ゴードン・プロダクション製作。今回FOXが放映したのは、2003年製作の『The New Roswell KECKSBURG EXPOSED』という番組なんだ。

**山本** あと、同じ日にソ連の人工衛星がアメリカに落ちてるのね。

**皆** そうそう。しかも、そのUFOと人工衛星の格好がよく似ているんだよ。釣鐘型で、まったくそっくり。ドングリ型のUFOなんて、あんまりないからね。

**山本** どうしてソ連の人工衛星が落ちたのとまったく同じ日に、アメリカに同じ形のUFOが落ちなきゃいけないんだろう(笑)。

**皆** まったく同じ形なのに、落ちた時間と場所が違う。だから、ケックスバークは最初からフェイクなのか、何か近いものがあったのか。この人工衛星が落ちるときにケックスバーグの人たちの頭上を通り過ぎていって、そこからケックスバーグのUF

**スタン・ゴードン**
ケックスバーグの墜落事件を中心に研究しているUFO研究家。最近はビッグフット研究にも乗り出している。
http://www.westol.com/pauf

これが最新＆最強ＵＦＯ事件だ！　メキシコのＵＦＯとロズウェル事件

ケックスバーグに墜落したUFOのスケッチ。『〜: The Untold Story』のジャケットにも使用されている

○隕落のストーリーが出来上がっていったのか。この件に関しては、まだよくわからないことがあるね。

**志水** とにかく、住民が反対運動を起こすほどいい加減な番組だったんだね（笑）。

**山本** ケックスバーグの場合、一部の住民が「第二のロズウェル」を狙ったんじゃないかと思うんだよね。

**皆神** あー、そうかもしれない。ロズウェルは観光地になっちゃってすごいもんね。

**志水** 村おこしだね。

**山本** ロズウェルはUFO以外、何もない街だよね。

**皆神** 地場産業って何かあったっけ？

**志水** 牧場産業はUFOだよ（笑）。

**皆神** 牧場しかないから、UFOも牧場に落ちたんだよね（笑）。UFOが落ちても牧場があまりにも広いから、数日間は誰もUFOが落ちたことに気づかなかった（笑）。

**志水** なんにもないところなんだなぁ。

**山本** 今はＵＦＯ博物館が二つあるだけでし

皆神　昔は三つあったという話だけどね（笑）。

山本　今あるUFO博物館は、お互いに「こっちがUFOの墜落場所だ」と言い合っているんだって（笑）。

志水　お岩稲荷みたい（笑）。

山本　そっちは「本家」、こっちが「元祖」（笑）。

皆神　墜落場所も見つかった宇宙人の人数も好きに選んでくれ、って感じですね。「無数に倒れていた」という説もあるし、墜落場所に関する証言もバラバラ。ひとりで何カ所も目撃している器用な奴もいる（笑）。

山本　何機落ちたんだよ！（笑）

皆神　もともと別の場所に墜落したところを目撃証言していたのに、死ぬ直前になって「実は目撃した場所はこっちだった」とまったく違う場所を指差した爺さんもいる（笑）。パインロッジという場所に落ちたのを当時の彼女と一緒に見てた、という爺さんなんだけど、どうもあとでそこの土地を買い取ってUFO記念公園かなんかにしようという計画が持ち上がっていたらしいの。UFOの墜落現場となれば、土地も値上がりするからね。だから墜落場所が違うと困っちゃうのよ。

山本　へぇー。

皆神　ひとりが与太を飛ばすと、いくらでもお金が動いちゃう世界だから。

UFO博物館
「International UFO Museum & Research Center」は入場無料。当時の新聞記事や目撃者のスケッチなど、発泡スチロールを削って作ったエイリアンの死体模型やアルミホイル風の「UFOの残骸」などが展示されている。91年開館。
http://www.iufomrc.com/

これが最新＆最強ＵＦＯ事件だ！ メキシコのＵＦＯとロズウェル事件

**志水** ＵＦＯに誘致運動があろうとはね（笑）。

**山本** ロズウェルを紹介してるテレビ番組を見ると面白いんだよね。年に一回、7月4日に「ＵＦＯフェスティバル」というイベントがあるんだけど、みんな、いろんな仮装をしてるの。

ロズウェルにあるUFO博物館

**志水** 日本からツアーが出るって話もあったっけね。実現しなかったみたいだけど。

**皆神** ＵＦＯ型のパイ投げ合戦とかやってるんだよね。ＵＦＯ型じゃないパイなんてあるのかよ、って思ったけど（笑）。

**山本** 四角いパイとか？（笑）

**皆神** 頭に当たったりしたら痛そうな嫌なパイだね。あと、宇宙人のコスプレとかしているんだけど、向こうのコスプレってレベルが低いんだよ。毛布まとってるだけとか（笑）。

**山本** ビデオに録り損ねちゃったんだけど、ロズウェルの街の人たちが手作りでやっているミュージカルがあるの（笑）。それをお祭りで上演するのね。舞台の端に市民たちが立

**ＵＦＯフェスティバル**
2005年度は7月1日より4日までの4日間開催。講演会、ワークショップのほか、改造車両コンテストもあるパレード、エイリアン・オールディーズ・コンサートなどのイベントが行われる。今年の市民劇のお題は「Poof Went The Proof」。

## ロズウェルは有名じゃなかった!?

**皆神** 一年に一度だけ、人口が増える町だからね。

**志水** 宇宙の話だけに、まるで七夕だね。時期も一致するし。

「UFOフェスティバル」で行われたコスプレ大会の表彰式

って、空を指差して「♪空に何か見える〜」と歌う。すると、反対側には軍人が立っていて「♪空には何もない〜何も見えない〜」(笑)。あと、その街出身のダンサーのおばちゃんがいて、アブダクションのダンスを踊るんですよ。エイリアンにアブダクションされるところを、ダンスで表現するの(笑)。エイリアンのお面を被った人がまわりで踊っていて、めちゃくちゃおかしかった。

**皆神** うう、レベル低そう(笑)。

**志水** ヒバゴン音頭を見習え(笑)。

**山本** そういうのを上演しているんだって。UFOが落ちたという日の前後だけですよ(笑)。

山本　でも、ロズウェルという街の名前自体、UFO墜落事件が有名になるまでは聞いたことがなかったよね。事件が起こったのは1947年のことだけど、僕らは事件のこと自体、1980年頃まで聞いてなかった。

皆神　ロズウェルの再評価が始まったのが80年頃からね。それまではUFO研究家でさえ、ほとんど聞いたことなかった。

志水　UFO年表とかでも載っているのを見たことがない。

皆神　あと正確にいえば、ロズウェル事件って一般には呼ばれているけど、あの事件があった場所は、実はロズウェルではないんだよ。UFOの残骸とされる物体が1947年に発見されたフォスター牧場があるのはコロナという場所で、ロズウェルから は北西に100キロ近くも離れている。日本で100キロと言えば、東京から水戸くらいまで行っちゃう距離。100キロもずれた地点の名前で平気で呼んじゃうってのも、いかにもビッグな国アメリカンな命名方法だね。

山本　60〜70年代のUFO本にも、ロズウェルのことなんかまったく載ってない。

皆神　80年以前は、誰にも相手にされていないんですよ。

山本　調査が始まったのが70年代末だったからね。

皆神　UFOの目撃事件なんか世界中で今までに何十万件も起きているし、UFOの墜落事件だって、それだけで辞典が1冊できるほどたくさん起きている。ではなぜロズウェル事件だけがこんなに有名になったのか？　とあるUFO研究家が仲間内に向

第1章◎これが最新&最強UFO事件だ！　メキシコのUFOとロズウェル事件

ロズウェルの残骸

けてこんなことを言っていたんだよ。

「もしロズウェルが間違いだったら、どうなるかわかってるんだろうな？　俺たちUFO研究家は、また空を動いていく単なる光の点をひたすら追い続けなくちゃならなくなるんだぞ！」

つまり、UFO研究家たちは単なる「光のつぶ屋」さんにまた戻ってしまうというわけ（笑）。しかも、謎の光点をいくつ見つけたところで「どうせ何かの見間違いでしょ」と言われてしまうのがオチじゃない。それに比べれば、ロズウェル事件には間違いなく宇宙人の死体が存在している。これらの証拠を隠蔽している政府から引き出すことに成功さえすれば、周囲の人々からバカにされながらもずっと言い続けてきた「宇宙人は地球に来ている」という事実が実証され、自分たちの仕事が終わる。この最後の一撃に賭けたというわけだね。それが97年のロズウェル事件50周年のときに、バーッと盛りあがった。でも結局、何も出てこない。インチキくさい回顧記事だけで終わってしまったからその反動で一気にバーン！と盛り下がり、そこから現在まで「失われた8年」というUFO界にとっての大不況時代に突入しちゃった。今このUFO不況の下、あえてUFO本を出す洋泉社はまことに勇気がある出

これが最新＆最強UFO事件だ！　メキシコのUFOとロズウェル事件

山本　今の若い人って、ロズウェル事件は昔から有名だったと勘違いしちゃってるんじゃないかと思っちゃう。

皆神　それはそうだ。今、テレビで放送される番組はロズウェル事件が起こった1947年と現在を短絡させてつなげてしまうでしょう。この60年近い間がまったくないかのように空白をまったく感じさせないような形で番組を引っ張っていくんだよ。47年にUFOが落ちた、で、グレイを出しちゃう。ちょっと待て！　当時はそもそもグレイという概念なんてないよ！（笑）　グレイが有名になってくるのは『未知との遭遇』（77年）が公開されて以降なんだから。

山本　グレイの原型といえば、この前、ヒストリーチャンネルで『ロズウェルの謎』って番組を放映してたんだけど……。

皆神　ビデオに録った？

山本　ありゃりゃ、残念。でもその番組ならビデオを持っているよ。

皆神　それができなかったんだよ。

山本　番組の中で、ハイダイブ計画という、高空からの人間の脱出について研究するための実験について取り上げてたのね。この実験は、超高空のゴンドラから人形を落としてたんだけど、それがつるっぱげの人形で、ロズウェル事件で回収された異星人というのはそれを誰かが目撃したのかもね、という話。そのあと、エクセルシア計画

**グレイ**
身長は小柄な人間ほど、頭部は大きく灰色の肌（スーツ説もある）をしている。顔は大きな黒い目に、鼻の穴と小さな口が特徴。肌の色から、このタイプの宇宙人は「グレイ」と総称されている。また、さらに細かな特徴から「ラージノーズ・グレイ」、「リトル・グレイ」と分類されることもある。

『未知との遭遇』
→P90参照

第1章◎これが最新＆最強ＵＦＯ事件だ！　メキシコのＵＦＯとロズウェル事件

というものがあって、これは本当に生身の人間が高空のゴンドラからダイブする、という実験だった。ところがそのゴンドラが墜落してしまって、ひとり大怪我をしてウォーカー空軍基地の病院に運び込まれてしまった。そのとき、大怪我したダン・フルガム大尉本人が番組に出演してたんだけど、「当時、怪我で頭がかなり腫れ上がっていた」と言うんだよね。「包帯をグルグル巻きにしていたし、誰かがそれを見て、勘違いしたのかもしれない」って（笑）。

**皆神**　それがグレイの原型と言われているんだ（笑）。

**志水**　そうそう（笑）。

**山本**　なんだかなぁ。

**皆神**　でも、この実験で事故が起きたのは1959年のことで、惜しむらくはロズウェル事件と10年以上ずれているんだよ。

**山本**　その前に、やっぱりロズウェル近郊で軍の飛行機が墜落した事件があって、その遺体を収容するために選ばれたのが、例のバラード葬儀社だったの。そこの冷蔵庫にしばらく焼け焦げた死体が保存されていた。だからグレン・デニスの証言は、ずっと後から思い出したとき、ふたつの事件の記憶がごっちゃになっちゃったんじゃないか……というのがその番組の結論で。

**皆神**　アメリカ空軍がロズウェル事件について提出した二つ目のレポートである『The Roswell Report：Case Closed』（ロズウェル報告：一件落着）でもそのような言い

---

**エクセルシア計画**
Project Excelsior。59年から60年にかけて、同じくアメリカ空軍のジョセフ・キッティンガーを中心に行われた高空からのパラシュート降下に関する研究。キッティンガー自身がゴンドラから飛び降りており、現時点での高空からのパラシュートジャンプと、パラシュートによる長時間滑空における世界記録を保持している。

**バラード葬儀社**
ロズウェルにて現在でも営業中。オフィシャルサイトhttp://www.ballardfuneral-home.ypgs.net/

**グレン・デニス**
ロズウェル事件の目撃者であり、ロズウェルＵＦＯ博物館の創立者のひとりでもある。当人の主張によれば、ロズウェル事件当時、ロズウェルのバラード葬儀社に

## これが最新＆最強UFO事件だ！　メキシコのUFOとロズウェル事件

エクセルシア計画の模様

方をしているよ。ただ正式な公表の前にこのレポートの内容に目を通したUFO懐疑派の重鎮であるフィリップ・J・クラスは、「発表すべきではない」と言ってたけどね。10年以上もずれがある事件を使ってロズウェル事件を説明しようとしても、ビリーバーから反論が出るのは目に見えていたから。そもそも空軍のレポートだから個人の名前を挙げて「お前が言っていることは嘘だ」と言えないので、宇宙人の死体を見たという話をどうにか合理的に説明しようとして組み立ててみた説明に過ぎないわけ。

**山本**　グレン・デニスとは名指しできないんだ。

**皆神**　でも、空軍のレポートにはグレン・デニスについて「バラード葬儀社で働いていたと主張している期間に、この市の紳士録と電話帳には、彼がロズウェルの異なった葬儀社の共同経営者、そしてロズウェルの別の葬儀社の副社長……として記載されている」と、チラッと欄外に書いてあるんだよ。

**山本**　ええっ！　バラード葬儀社にいたんじゃないの!?

**皆神**　だってグレン・デニスは、「円盤が回収された」という空軍のプレスリリ

**フィリップ・J・クラス**
航空電子工学の専門雑誌の編集者として35年勤めた後、退職。CSICOP設立者のひとりであり、UFO懐疑論者の最高峰である。MJ-12文書のトルーマンのサインがコピーであることを示したり、プロジェクト・ブルーブックの未解明事例をいくつも解明している。

勤務、子供サイズの棺桶を軍から注文されたという。また、ロズウェル基地の病院に勤務するナオミ・マリア・セルフという看護婦から、異星人の死体を目撃したという話を聞かされたという。

第1章◎これが最新＆最強ＵＦＯ事件だ！　メキシコのＵＦＯとロズウェル事件

山本 ースを47年に撒いてロズウェル事件を世界的に有名にしてしまった張本人のウォルター・ハウトとも昔から仲がよかったんだよ。ロズウェルにあるＵＦＯ博物館の館長がハウトで、副館長がデニスというくらいだもの。でもハウトがロズウェル、ロズウェルとずっといい続けていたのに、グレン・デニスのほうは長い間何も言わなくて、ロズウェルがブームとなって大ブレイクしたら突然「実はオレも見たんだよ」と言いはじめたんだ（笑）。お前、絶対嘘だろ、と思うよね（笑）。

志水 矢追さんのＵＦＯ漫画だと「デニス葬儀社」になってるの（笑）。

皆神 えーっ。

山本 いつから社長になったんだよ！（笑）

皆神 しかも、47年当時、すでに爺さんとして描かれている！（笑）　その頃はまだ20代だよ！（笑）

山本 だったら、あの空軍の説明は信憑性が出てくるよなあ。

皆神 グレン・デニスは時代によって言っていることがコロコロ変わってるからなあ。

山本 かもしれないね。単なる思い違いか、故意の嘘なのか、ということが問題だよね。

皆神 グレン・デニスがロズウェル事件のことを語りはじめたのは80年代に入ってからなんでしょ？

山本 うん。ロズウェル事件が有名になってから語りはじめたからね。「オレも看護婦から聞いたんだ」って。

**ウォルター・ハウト**
ロズウェルＵＦＯ博物館の館長。ロズウェル事件当時は空軍の広報部報道官だった。

36

これが最新&最強UFO事件だ！　メキシコのUFOとロズウェル事件

**志水**　信用されない証言者の典型だ（笑）。

**山本**　ということは、30年以上前のことだから記憶が混乱しているという可能性もあるわけね？

**皆神**　でも、グレン・デニスが、宇宙人の解剖に立ち会った話を聞いたというナオミ・マリア・セルフという看護婦自体が存在していない（笑）。当時の病院の看護婦の名前をしらみつぶしに調べて、「そんな看護婦はいない」とUFO研究家が指摘すると、「実は嘘だった」と言って、また別の名前を言う（笑）。でも、次の名前の看護婦もやっぱりいないの。デニス、言うことコロコロ変えるなよ、と。

**山本**　グレン・デニスはまだ生きてて、今でもロズウェル関連の番組があると必ず出演しているんだよね（笑）。

**皆神**　NHKで放映していた『ロズウェル　星の子供たち』の番宣用に作った番組にまで出てきてた（笑）。まだ言っているのか、お前って感じ！（笑）　NHKもいくら番宣だからって、適当に作りすぎ。

◆ ロズウェルをめぐる人々

**山本**　（ウィリアム・）ムーアと（チャールズ・）バーリッツが書いた『ロズウェルUFO回収事件』が発売されたのが1980年（日本では『ニューメキシコに堕ちた

**ウィリアム・ムーア**
UFO研究家。チャールズ・バーリッツとの共著で『ロズウェルUFO回収事件』を発表し、注目を集める。その後、MJ12文書にも深く関わる。

**チャールズ・バーリッツ**
『謎のバミューダ海域』『謎のフィラデルフィア実験』『アトランティスの謎』など、数多くの超常現象・オカルト関係の著書を持つ。語学学校「ベルリッツ」創設者の孫であり、31カ国語に通じている。03年逝去。

第1章◎これが最新＆最強UFO事件だ！　メキシコのUFOとロズウェル事件

宇宙船』という題で81年に出版）。ロズウェル事件が注目されたのは、この本によるところも大きい。

**志水**　以前、バーリッツが来日したとき、並木（伸一郎）さんが「ロズウェルについてどう思いますか？」と聞いたら、「ムッフッフッフ」と笑って首を振っただけなんだって（笑）。

**山本**　バーリッツ！　あんた、本を書いた本人だろ！（笑）

**志水**　ムーアがどんどん話を膨らませてしまって、バーリッツは困っていたみたい。

**皆神**　バーリッツはロズウェルの本を出版したとき、いったい何してたんだろうね？　実は何もしていないんじゃない？

**志水**　名前貸しだろうね。

**皆神**　有名だから、ということで名前を貸したんだろうな。本自体は、こき下ろす人も多いけれどわりとよくできている本なんだよ。

**志水**　空軍のこともちゃんと書いてあるしね。

**皆神**　そうそう。空軍の気球説まで、この最初の時点ですでに取り上げている。

**志水**　ムーアは軍の機密だと思っているから自分からは何も言わないんだ。

**皆神**　ムーアと言えば、ロズウェル事件にはもうひとり重要なチャールズ・ムーアというムーアが出てくるよね。こちらは気球の残骸を散らばらせたことによって、ロズウェル事件を引き起こすきっかけとなった、プロジェクト・モーガル気球を打ち上げ

**並木伸一郎**
→P139参照

**チャールズ・ムーア**
気象学者。プロジェクト・モーガルに関わる。UFO研究家ではないが、『ロズウェルに落ちたUFO』というモーガル計画を説明する著書があったり、プロジェクト・ブルーブックの5パーセントしかない未解明UFO事件の中に、ムーアの目撃報告が含まれているなど、UFOと因果が深い爺様ではあるようだ。チャールズ・バーリッツ、ウィリアム・ムーアと並べるとややこしい名前ではある。

ていた張本人。でも彼は当時はまだ大学院生で、自分が行っているのが、モーガルと呼ばれる極秘プロジェクトだということは知らなかったんだって。『ロズウェルUFO回収事件』のなかには、チャールズ・ムーアに対するインタビューが出てくるんだけど、そこで彼は、ロズウェル事件は気球の墜落事件ではない、と言っているんだよ。というのも、事前情報として墜落現場には何かが引きずった跡のような、直線上の大きな穴がザーッとついていたと言われていた。気球ではそんなに大きな穴はできないわけだから、気球説は違うよ、と。でも、実際にはそんな穴など、どこにもなかったんだけどね（笑）。チャールズ・ムーアは、今では「ロズウェル事件＝モーガル気球説」の旗振り役を務めているけど、気の毒なことに、『ロズウェルUFO回収事件』でのインタビューの一件があったことから、主張を急に変えた野郎と叩かれているんだよ。そういえばチャールズ・ムーアのところには、プロジェクト・モーガルで気球に付けていたレーダー反射板の実物が残されているんだって。つまり、ロズウェル事件で回収された謎の物体の実物があるの！ チャールズ・ムーアにクレクレって頼んでみておくれって強く頼という物好きな知人がいたので、ムーアにクレクレって頼んでみたんだけど、結局ダメだった（笑）。日本で初めて、ロズウェルに落ちたUFOを持ってこれたかもしれないのに～（笑）。

**山本** スタントン・フリードマンは今、何をしているの？

**皆神** フリードマンは今でも講演とかしてると思うよ。

**プロジェクト・モーガル**
アメリカ空軍による、アラモゴード基地で行われていた極秘実験。気球に取り付けられた音響センサーを使い、上空を伝わる低周波音を捕捉してソ連の核実験や核爆発やミサイルの低周波音を捕捉しようという計画だった。ロズウェル事件当時は機密として扱われていたが、アメリカ空軍により94年に行った記者会見により詳細な内容が発表された。

第1章◎これが最新＆最強UFO事件だ！　メキシコのUFOとロズウェル事件

山本　いまだに信じてるのかな？

皆神　いまだに元・原子力物理学者という肩書きですよ。何を研究していたか知らないけど。

志水　核物理学者という肩書きもあるよね。

皆神　一説によると、彼は子供が重病で、お金を稼ぐ必要があったと言われてるね。

山本　昔、ニフティのUFO研究室で、メンバーの1人が、フリードマンがロズウェル事件のことで政府を非難してるってニュースを紹介してたんだよね。ところがその人はフリードマンがどんな人か知らなかったみたいで、核物理学者が最近になって極秘にされていた事実を公表したと書いてたの。「ちょっと前までは発言もはばかられるようなことばかりだしっぺのひとりだよ！（笑）。違うよ！ フリードマンはロズウェル事件の言いだしっぺのひとりだよ！（笑）あいつが調査したんだよ。

皆神　科学者が言ったことだと「ははーっ」となってしまうんだ。権威に弱い（笑）。

山本　そもそもスタントン・フリードマンを知らずにロズウェル事件について語ってるのがねえ（笑）。

志水　アジモフの『存在しなかった惑星』（ハヤカワ文庫）の「空飛ぶ円盤」の項でフリードマンの名前が出てくるんだよね。

山本　あと、フリードマンはずいぶん他の研究者たちとケンカしてるよね。

志水　『UFOと宇宙』にも、そういうのが載ってたぐらい。

スタントン・フリードマン
カナダの原子物理学者。プロジェクト・モーガルに使用された気球が墜落したロズウェルのフォスター牧場から200キロメートル離れたサンアウグスティン平原にも円盤が墜落し、そこで宇宙人（グレイ）の死体を4体発見したという話（サンアウグスティン事件と呼ばれるが、この事件も含めて「ロズウェル事件」と総称される）を、事件から約30年後の1978年に行われた自らの講演会で発表し、話題を呼んだ。その話は、目撃者とされるバーニー・バーネットという男性の知人であるヴァーン・マルティス夫妻がフリードマンの講演にやってきて、フリードマン自身に伝えたとされている。その後、1984年には『ロズウェルUFO回収事件』の著者、ウィリアム・ムーアとTVプロデューサーのシェイ

40

皆神　アメリカのUFO研究者たちはみんな派閥に分かれてケンカをしあっているからね。研究者同士で互いの足の引っ張り合いをしているの。でも、懐疑主義者として非常に便利なことには、お互いに相手の足を引っ張ろうとけなしあっているデータを見ると、どちらの陣営の主張にも間違いがあることがわかるわけ。結局、みんな間違っていたりする（笑）。

志水　従軍慰安婦論争みたいだなぁ（笑）。

山本　ロズウェル事件にはいくつ〝真相〟があるんだ、という（笑）。墜落地点だって、いっぱいある。

皆神　大きなところで四つぐらいあるよね。さっき話した爺さんみたいに、死ぬ間際にまったく別の墜落地点について証言する輩がいたり（笑）。

山本　前、NHKでロズウェルについての番組を放映してたんだけど、ガイドの人物が墜落地点を指差すんだよ。「ここに円盤が墜落してたんだ」って。でも、それがどう見ても牧場じゃない（笑）。山あいの急な斜面なの。もう、本当にいくつめの墜落現場なんだろう、それは。

志水　墜落地点ツアーができるよね（笑）。

皆神　いや、実際現地ではツアーがあるらしいよ（笑）。

ム・シャンドラによって持ち込まれた、アメリカ政府のUFO研究機関「MJ-12文書」を本物と信じ込み、87年にその存在を発表。MJ-12文書の矛盾点、偽造されていた点などが暴かれた後も、講演活動の中で、ロズウェル事件、MJ-12文書それぞれの正当性を語り続けている。

『UFOと宇宙』
70年代よりユニバース出版より刊行されていたUFO専門誌。82年に休刊し79年より編集長を務めていた矢沢潔氏は、その後、矢沢サイエンスオフィスを主宰。98年にユニバース出版の名称を使用して書籍『UFOと宇宙人 全ドキュメント』を刊行した。

## ロズウェル人気の秘密

**皆神** UFO研究家はこれまで世の中の人たちから、そんなことあるわけがないとバカにされてきたんだけど、ロズウェル事件には回収された機体や宇宙人の死体という動かぬ物証があるわけ。さらに、政府が陰謀を巡らせていると多くのアメリカ人が思っている。ツボを見事に押さえているんですね。政府が握っている物証を明らかにさえしてくれればすべてが証明される。すべてが終わるのに、それが出てこない。ケネディ暗殺などと同じように、政府が機密文書を持っているけど、それは公開されない。実物はあるんだけど、なかなか手が届かない、といういいスタンスの状態がずっと続くわけ。逆に言えば、嘘だと言うこともずっとばれない。

**山本** あと、70年代という時代性は重要だと思うね。ウォーターゲート事件があって、ベトナム戦争もあって、いろいろな問題が噴出していた時代で、「政府が何か隠しているに違いない」とみんな思っていた。

**志水** 大統領が企んでいた陰謀リストができちゃうぐらい（笑）。

**皆神** たまにそういうツボにハマったいい話があるんですよ。ロズウェルとは関係ないかもしれないけど、『ダ・ヴィンチ・コード』もそうだよね。ガーッと調べていくと、

最初、4人のいたずら者が作ったボーイスカウトみたいなしょうもない団体があって、それが「シオン修道会」という名前なの（笑）。そこから話が広がって、世界で2000万部の大ベストセラーになってしまった。それは調べていてすごく面白かったよ。最初はまったく冗談みたいなものから始まっているのに。

**山本** 『ダ・ヴィンチ・コード』を本気で信じている人がけっこう多くて驚くね（笑）。

**皆神** 多いよ！「目からウロコが落ちた」とか「こんなすごいことが隠されていたなんて！」とか（笑）。違う違う。

**山本** 僕は作家だから、「ああ、嘘のつき方が上手いなぁ」と感心しながら読んだんだけど。

**皆神** 登場人物はフィクションなんですけど、登場するデータはすべて真実である、と本の冒頭で宣言されているんだよね。たしかに「シオン修道会」について書いてある文書が存在している、ということまでは真実なんです。でも肝心な文書の内容が事実かどうかということは、まったく問われていない。

**志水** 『第3の選択』もそうだよね。引用している文献はすべて実在している。

**山本** 小説版のほうね。あれも今読むと、上手いな、と思うよ。

**皆神** 『第3の選択』もツボを突いていたよねぇ。火星関係ではいまだに尾をひいているんじゃない？ ロズウェル事件も、物証があって、データがあって、とツボがキッチリ押さえられているところがいまだに続く人気の秘密なんだね。

**第3の選択**
1977年、イギリスのアングリアTVによって制作された科学特集番組。自然破壊、異常気象などから逃れるため、米ソ他各国の共同により行われた会議にて、人類の一部を火星に移住させるという「第三の選択」が採択された、さらに番組スタッフは「人類初の火星着陸時の映像」と「火星生物の映像」を入手した、という内容。実はエイプリル・フールに制作されたパロディ番組なのだが、信じてしまう人が多数現れた。

43

第1章◎これが最新&最強UFO事件だ!　メキシコのUFOとロズウェル事件

**志水**　たとえ偽物でもね(笑)。

## ◆円盤墜落ストーリーはフォークロア

**皆神**　最初、空飛ぶ円盤が宇宙人の乗り物説となって登場してきたときから「空軍が事実を握っているんだけど、我々には教えてくれない」という形で、アメリカ政府の陰謀論と円盤は合体していたんだよ。

**志水**　ドナルド・キーホーが『TRUE』に書いたときからそうで、それがアダムスキーとかにも引き継がれているんだね。

**山本**　50年代には、円盤墜落ストーリーが都市伝説という形で流布してた。それに乗っかったのがレオ・ゲバウアーとサイラス・ニュートンという詐欺師。「政府は墜落した円盤と宇宙人の死体を隠している」という話を広めて回って、そのテクノロジーを利用したと言ってインチキな機械を売り歩いていた。

**皆神**　インチキな石油探査機だったね。それが裁判で明らかになり、ショックのあまり円盤墜落ストーリーはUFO業界の中ではタブーとなってしまって、しばらく地に潜ってしまう。

**山本**　フランク・スカリーの本に書いてあるよね。

**志水**　そうそう。懐かしいなぁ。なぜかフランク・スカリーの本がたま出版から出

> **ドナルド・キーホー**
> →P133参照
>
> **フランク・スカリー**
> コラムニスト。1948年2月13日、ニューメキシコ州アズテックにUFOが墜落した、という話(アズテック事件)を、翌49年、タブロイド紙である『ヴァラエティ』紙に掲載。さらにその翌年である50年には、アズテック事件などの円盤墜落ストーリーを蒐集した『UFOの内幕』を出版し、話題を呼ぶ。

**山本** 『UFOの内幕』ね（笑）。フランク・スカリーの本には、実はロズウェルのことが書かれてない。だけど、読むとわかるんだけど、あの頃、ロズウェルのほかに円盤墜落ストーリーはいっぱいあったんだよね。それらがすべて忘れ去られてしまって、今ではロズウェルだけが覚えられてる。

**皆神** 円盤墜落ストーリーはたくさんあるんだよ。たとえば『円盤墜落の歴史』という、円盤墜落史の本が書かれるほど、たくさんある。この本には、１８６２年以来85件ほどのUFO墜落事件が網羅されているんだけど、たまたま、そのなかのロズウェル事件が大当たりして、巨大な雪だるまになってしまっただけなんだ。

**志水** 後に否定されているとはいえ、いちおう空軍が発表した新聞記事という"物証"があるからね。

**山本** 前に小説でギャグを書いたことがあるの。空軍が実は墜落したUFOを隠していましたと大統領に報告するんだけど、大統領が「ロズウェルでか？」と聞くと、「いいえ、アズテックです」（笑）。

**皆神** そのギャグ、アズテックだなんて言われても誰もわからないよ！（笑）

**山本** 読者がついてこれるかどうか、わからないまま書いちゃった（笑）。要するにロズウェル事件は嘘だったんだけど、アズテックにUFOが墜落した事件は本当だった、というギャグ（笑）。

**アズテック**
ニュートンとゲバウアーが広めた話では、円盤が墜落したのはニューメキシコ州アズテックということになっていた。

**皆神** 「墜落する」という話は、UFOの概念ができた最初の頃からあるからね。それはあとで話すけど、「幽霊飛行船」の頃からある話なわけで。

**山本** スカリーの本を読むと、「こんなにあったんだ！」と思うぐらい、円盤墜落ストーリーはたくさんあって、完全にフォークロア化している。あと、墜落したUFOから発見された宇宙人の死体が保管されている、という話もそうだよね。70年代にレナード・ストリングフィールドがそういう話を収集しはじめた。

**皆神** ストリングフィールドが1977年に出した『シチュエーション・レッド』からUFO墜落話が、UFO業界の中で再び解禁状態となったんだね。

**山本** すると、いろいろな人から証言が出てくる。どれも「宇宙人の死体はある！」という話なんだけど、詳しく聞くと「友達の友達が見た」ってのが多い（笑）。

**志水** 都市伝説の典型だね。人面犬か口裂け女みたい（笑）。

**山本** その当時はまだみんな、都市伝説という概念を知らないから、ストリングフィールドが研究発表をしても、「やっぱりあったんだ」って思っちゃったんだよね。

**皆神** ストリングフィールドが研究発表をしても、なかなか信頼を得ることはできなかったんだよね。ただ、ストリングフィールドは製薬会社の部長だったりして社会的地位はあったから、それでメシを食べているあやしいUFO研究家ではないということと、スカリーの本が出てやはり同じような話がたくさんあることがわかって、「これは本当かもしれない」とみんなが思いはじめた頃に、ロズウェルのブームがドカーン

レナード・ストリングフィールド
77年に著書『Situation Red: The UFO Siege』を発表したUFO研究家。94年逝去。

**山本** ロズウェルのブームは、やっぱりストリングフィールドの発表に影響されたんじゃないのかな？

**志水** 下地になっていたということだね。

**皆神** 政府や軍の偉い人からいろいろな宇宙人の死体写真を渡されたということになっているんだよね。そのなかに1枚、干物のようになった腕が写っている宇宙人の死体写真があったんだけど、それが今見ると、明らかにフィジー・マーメイド（日本人が作ったといわれる人魚の剝製）の手の部分なの。きっと、どこかのいたずら者がストリングフィールドのもとに持ち込んだんだと思うんだけど。

**山本** 「エンパイア・ステート・ビルの地下に宇宙人が冷凍されている」という話もあったよね（笑）。どうしてエンパイア・ステート・ビルじゃないといけないのか（笑）。

**皆神** いいねー。やっぱり象徴的な建物じゃないと（笑）。

## UFO用語の基礎知識

# これぞ基礎中の基礎！
# UFO10大事件簿

### ● ケネス・アーノルド事件

近代UFO事件の幕開けとなった事件。1947年6月24日、米国ワシントン州のレイニア山付近を自家用機で飛んでいた消防機器会社社長のケネス・アーノルドが、音速の2倍で飛び去る9機の飛行物体を目撃。受け皿が水面を飛び跳ねるような飛び方をしていたことが、形状として誤って伝えられ、「空飛ぶ円盤」という愛称が生まれた。アーノルドが物体までの距離を過大に見積もっていた可能性が高く、実際はそれほど高速ではなかったと思われる。物体の正体についてはいまだ議論を呼んでおり、最近ではペリカンの編隊飛行説などが出された。この事件を記念して6月24日は国際UFO記念日とされている。

レイ・パーマーとケネス・アーノルドによる共著『The Coming of the Saucers』

## 🛸 マンテル大尉事件

1948年に起きたUFO三大クラシック事件のひとつ（残りの二つは、円盤とドッグファイトを行ったゴーマン少尉事件と、葉巻型UFOに遭遇したイースタン航空機事件）。同年1月7日、ケンタッキー州州軍のトーマス・F・マンテル・ジュニア大尉が、F-51戦闘機で銀色に輝く謎の飛行物体を追跡して急上昇を行ったまま音信不通となり、そのまま後地上に墜落して死亡しているのが発見された。円盤による初の犠牲者が出たと大きなニュースになった。

マンテル大尉

F-51戦闘機の墜落現場

だが実際は、マンテルが追跡していたのは空軍が極秘に打ち上げていたスカイフック気球であった。マンテルは酸素マスクもないまま、空気が希薄な高々度まで上昇したため途中で意識をなくしてしまい、戦闘機はきりもみ状態で墜落していく途中に空中分解を起こしたのだった。

◎UFO用語の基礎知識

## ♠アダムスキー事件

仲良しの宇宙人と何度も逢ってありがたい教えをいただく、という「コンタクティー」の先駆けとなった事件。1952年11月、カリフォルニア州の砂漠で、人間そっくりで美しい容貌をした金星人オーソンと出会ったのが最初のコンタクトとされる。オーソンが乗ってきたという、金属製灰皿を逆にして、その下にピンポン球を三つ付けたような格好の円盤は、後にアダムスキー型UFOと呼ばれて代表的UFOの姿のひとつとなった。アダムスキーは、金星人や火星人、土星人などとたびたび逢ったと語ったり、月の裏側を四つ足の動物が走るのを見たなどと言っていたが、太陽系内の惑星に地球人と同じ姿の宇宙人などいるわけがなく、月の本当の姿が明らかにされたアポロ計画以後は、一部の信者を除き、彼の話を本気にする人はほとんどいなくなった。

## ♠ベティ・ヒル事件

宇宙人に連れ去られ、医学的な検査を施されるという「アブダクション事件」の草分けとなった事件。1961年9月、カナダからニューハンプシャー州

ヒル夫妻。当時、まだ白人と黒人の夫婦は珍しかった

50

の自宅に向け車で帰る途中だった、郵便局員のバーニー・ヒルと妻のベティ・ヒルが降りてきたUFOの中へと連れ込まれて、宇宙人に妊娠検査などをされた。このとき現れた宇宙人の姿が、現在の「グレイ」の原型になったと言われている。だが、2人の宇宙人の姿の描写が次々と変わり、当時放映されていたSF番組『アウターリミッツ』に出てきた宇宙人の影響で「グレイ」形になったのでは、とも言われている。また逆行催眠下で取り戻した記憶だったため、催眠の影響で作り出された偽記憶だった可能性も高い。バーニーは69年に脳溢血で死亡、ベティも2004年にガンで亡くなった。ベティは晩年にその後も何度もUFOを目撃したと語っていたが、それが街路灯の見誤りであったことがUFO研究家によって指摘されている。

03年頃のベティ・ヒル

### 🛸 ソコロ事件

1964年4月、ニューメキシコ州ソコロで警察官をしていたロニー・ザモラが、パトカーでスピード違反の車を追跡している最中に空中に謎の炎を発見。炎を追って丘を登っていくと前方に卵形をした

現場検証を行うロニー・ザモラ（左）ら

◎UFO用語の基礎知識

物体が着陸していて、周囲に白いつなぎのような服を着た小柄な人物が2人いるのを見つけた。車の事故だと思ったザモラは本署に無線連絡を入れたが、その直後、物体はヒューンという音と共にオレンジ色の炎を吐いて急上昇し消えていってしまった。嘘くさいコンタクティーと異なり、勤務中の警察官が円盤の搭乗員を目撃した信憑性の高い事件として有名になった。ザモラが目撃した物体については、作り話という説から熱気球説まで諸説あるが、いまだ完全解明には至っていない。

ロニー・ザモラによるスケッチ

◆ロズウェル事件

1947年7月、ニューメキシコ州ロズウェルの近郊の牧場に円盤が墜落し、米軍の手によってその機体と異星人の回収が行われたとされる事件。世界で最も有名な円盤・宇宙人回収事件だが、47年当時は、誰ひとりとして宇宙人や円盤の機体を見たという人はいなかった。いずれも、80年代に起きたこの事件の再評価以後に付け加えられたお話に過ぎない。

円盤墜落地点とされた牧場に散乱していたのは銀紙や竹ヒゴなどで、当時米軍がロシアの核開発を監視すべく行っていた極秘プロジェクト「モーガル」の気球に付けられていたレーダー反射板の残骸だった、という説が有力視されている。この事件がここまで有名になってしまったのは、空軍の前身である当時の陸軍航空隊員らが「昨日、幸運にも円盤を回収することに成功した」というプレスリリースを安易に流してしまったのが原因。米空軍にとっては自業自得な事件とも言える。

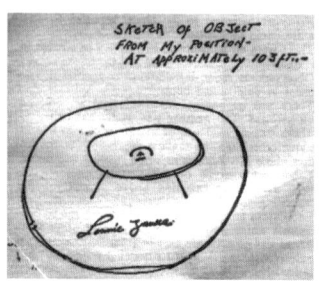

これぞ基礎中の基礎！ UFO10大事件簿

## ★エリア51

エリア51の全景

ラスベガスの北北西120キロに位置するグルームレイクという乾湖に実在している米空軍の秘密基地。別名ドリームランドともいう。高々度から旧ソ連を監視したスパイ偵察機U2やステルス戦闘機など、この基地で極秘に開発されてきた名機は数多い。

◎UFO用語の基礎知識

だが89年にボブ・ラザーという技術者が、エリア51近くの「S-4」と呼ばれる基地で反重力を用いるUFOの開発に携わっていたと名乗り出たことから、宇宙人と一緒にUFOを開発している秘密基地として、世界的に有名になってしまった。だが学歴詐称がばれたり、「S-4」にいた証拠として出された公文書が偽造であったりしたことなどから、ラザーの証言は今ではほとんど信用されていない。

♠ MJ-12事件

1987年5月、UFO研究家のウィリアム・ムーアやスタントン・フリードマンらが、ロズウェル事件で回収された宇宙人を調査するために、米国のトップクラスの軍人や科学者ら12人を集めた超極秘組織「MJ-12」が、米政府の手によって47年に結成されていたとする公式文書を入手したと公表してUFO界に大きな衝撃を与えた。以後、類似のUFO政府文書もどきが大量に公表されていくきっかけとなった。「MJ-12」文書は、その様式や内容などについて徹底的に分析され、数多くの矛盾点が指摘されている。特に文書にあったトルーマン大統領のサインが、他の公式文書からのコピーということが証明されたことが決定打となり、今では偽文書ということがコンセンサスとなっている。

♠ リンダ・ナポリターノ事件

1989年11月30日の深夜、マンハッタンの高層アパートの12階に住んでいた主婦のリンダ・コーティル（本名ナポリターノ）が、青いビームに乗せられて窓から外へと吸い出され、宙を飛ぶ3人の宇宙人と一緒に外で待機していた宇宙船内に収容され、医学的検査を受けたとされるアブダクション事件。この事件の一部始終を、国連事務総長と2人のシー

54

これぞ基礎中の基礎！　ＵＦＯ10大事件簿

## ◆ラエリアンムーブメント

スポーツジャーナリストをしていたフランス人クロード・ボリロンが、1973年12月にフランス中部の活火山クレルモン・フェランで「エロヒム」と名乗る小柄な宇宙人と出会ったことをきっかけに始められたとされている新宗教。地球上の生物は2万5000年前にエロヒムの遺伝子操作によって創造されたと説き、2002年末には、ラエリアンの関連団体が世界初のクローンベビーを作ったと発表して世界中の注目を集めた。しかし、クローンベビーに関する科学的証拠は一切提出されず信憑性については疑問視されている。エロヒムは高度な科学技術を持っているはずなのに、その説く内容には初歩的な科学的誤りが見られる。世界中に5万人以上の会員がおり、うち1割が日本人と言われている。ただ、ラエリアンの公式ホームページから、ラエルの著書やコミックの日本語版が無料でダウンロードできるのは太っ腹かもしれない。

クレットサービスが目撃していたとされたことから一躍有名になった。しかし、デクエヤル事務総長本人は事件の目撃を否定しており、巨大なＵＦＯがマンハッタン上空に出現していたはずなのに、裏が取れる形で名乗り出た目撃者は誰ひとりいないという大変奇妙な事件となっている。

ラエルの著書

（この項、すべて皆神龍太郎）

# グレイが世界を支配する!?
## 時代と地域とUFO観

**皆神** とにかく、UFO騒動には歴史がないんだよ。どういう意味かというと、歴史を通してUFO事件を見る人がすごく少ない。UFO事件があっても、これとそっくりな話がずっと前にもあったじゃん、とか思うんだけど、普通の人は昔のUFO事件なんかまったく忘れているというか、もともと知らないので、ついつい大騒ぎをしてしまう。あらゆる超常現象ものにも言えることだけど、ちゃんと歴史を追ってみていけば矛盾とか間違いが浮かび上がってくることも多いのに、そのときの情報だけで「これはスゴイ」と大騒ぎをしてしまうわけ。

**山本** 年代によってUFO観が違うでしょ。それこそ、今だったらUFOにはグレイが乗っているものだと思われてしまっている。やっぱり『未知との遭遇』が最大の原因なんだろうなぁ。

**志水** 映画の影響って本当に大きいからね。

---

**ボロネジ事件**
1989年午後6時半頃、モスクワ南東500キロほどの位置にあるボロネジの公園にピンク色をした直径9メートルほどのUFOが着陸、数多くの目撃者の前に3メートルほどの宇宙人と小さなロボットが現れた。目撃者たちが騒ぎ出すと、宇宙人たちはUFOに戻っていったが、再び手に銃のようなものを携えて戻り、近くにいた少年に銃を向けると少年は消えてしまったという。この事件はソ連のタス通信が報道し、西

グレイが世界を支配する!?　時代と地域とUFO観

**皆神**　昔は宇宙人もバラエティに大変富んでいたのに、今は、可愛くもないグレイ一色。いかに人間の想像力が枯渇していったか、年表にするとすぐわかると思うよ。アメリカ原産のグレイが世界を席巻しちゃった。中国だって、10年ぐらい前からグレイがだんだん出没するようになってきている。えらいと思ったのはロシアだよ。最後までロシアはボロネジ事件で頑張ったから。身長3メートルの宇宙人が降りてくるのは地球上でロシアしかない！（笑）　光線銃を出して、地球人の子供をバーン！と消す！（笑）

**山本**　この話、知ってる？　80年代の終わりに、ロシアのどこかの街に降りてきた宇宙人が「グラスノスチ万歳！」と言ったっていうの（笑）。それを見ていた人々も「万歳！」って返したんだけど、誰もその場から離れて宇宙人に近づかなかった。なぜかというと、みんな行列に並んでいたから（笑）。

**皆神**　宇宙人も一緒に並んでいたりして、ってそれじゃまったくの小噺じゃん！（笑）　UFOや宇宙人の目撃事例にも、昔はレパートリーや空間分布があってお国柄が偲ばれたのに、だんだんアメリカ帝国主義に毒されて行き、グレイ一色に塗りつぶされていってしまうんだね。

**志水**　母がドイツに行ったとき、現地でドイツ語のUFO研究本を買ってきてもらったんだけど、よく見たら英語で出ていた本の翻訳本だった（笑）。そんなものドイツ語で読みたくないよ！

側諸国ではソ連内で進んでいた「ペレストロイカ（改革）」と「グラスノスチ（情報公開）」の象徴としても受け止められた。

第2章◎グレイが世界を支配する!?　時代と地域とUFO観

**皆神**　マレーシアに現れるUFOの搭乗員は、背丈が30センチくらいのちびっ子ばっかなの。これは昔からマレーシアに伝わる妖精トヨルとほぼ同じ大きさだったりするわけ。だから、民族性みたいなものはUFOにもけっこうあった。だけど、それがだんだんマクドナルドの世界進出とともに民族性が失われていっている（笑）。空から何者かが降りてくる、我々に文明をもたらしてくれる、というカーゴ信仰みたいなものはどこにでもあったわけ。昔は「神様」と呼ばれていたものかもしれないけど、それがグレイ一色になってしまうのは実に面白くない。

### ケネス・アーノルドと "UFOを編集した男"

**山本**　でも、グレイだけじゃないでしょ。UFO自体も、そもそもケネス・アーノルドが目撃して以来、円盤になっちゃったんだから。アーノルドは円盤型してたなんて言ってないのに。

**皆神**　たとえば19世紀末に起きたUFO騒動の時には、UFOは主に紡錘形をしていたよね。UFOとか宇宙人という概念には、歴史的な変遷と、空間的な変化がある、ということなんだ。国によってぜんぜん形が違うわけだから。

**山本**　アーノルドの事件は1947年に起こってるけど、あの頃は「円盤は宇宙人の乗り物である」とはまったく思われてなかったんだよね。当時、アメリカで世論調査

ケネス・アーノルド
→P48参照

**カーゴ信仰**
19世紀末から両大戦間頃までの期間、西洋文明と接触したメラネシア地域（西太平洋の赤道以南の地域で、ニューギニア、フィジー、ソロモン諸島、ニューカレドニアなどの一帯を指す）において、住民の間に発生した宗教運動。ヨーロッパ人が持っている積荷（カーゴ）による文化変容の中で起こった信仰。

## グレイが世界を支配する!? 時代と地域とUFO観

**志水** 1947年っていうと、昭和22年。ついこの前まで、アメリカまで日本の風船爆弾が飛んでいってたわけだからね。

**皆神** アーノルド自身も、たぶんアメリカの秘密兵器だと思っていたみたいなんだ。

**山本** みんな誤解してるんだけど、ロズウェル事件が起こったとき、新聞に「陸軍航空隊、ロズウェル地区で空飛ぶ円盤を捕獲」という記事が載ったんだけど、その見出しを見たアメリカ人は誰も「宇宙人の乗り物」とは思わなかったんだよね。当時、あの記事を見た人たちは、「秘密兵器」と思ってた。

**皆神** 空を飛んでいる謎の乗り物が異星からやってきたものである、って考え方は完全にその後のものだね。

**山本** たぶん、レイ・パーマーの影響がいちばん大きいんじゃないかな?

**皆神** パーマーの影響は大きいだろうね。

**山本** 早い話が、SFから出てきた話じゃん、それって(笑)。レイ・パーマーはSF雑誌『Amazing Stories』の編集者だけど、彼が作った話に影響を受けているわけだから。

**志水** そうだよね。UFOをSFの世界に引っ張り込んじゃった。レイ・パーマーがUFOをSFの世界に引っ張り込んだ男(笑)。

**山本** 結局、UFOは人間がストーリーを作ってるんだよね。

---

**レイ・パーマー**(レイモンド・A・パーマー) 1910年生まれ。雑誌編集者。38年、『Amazing Stories』誌の編集者になり、そこで少年向けにアトランティス大陸の話などを書き続ける。また、この頃、リチャード・S・シェイバーと出会い、彼の書く地下王国の物語を同誌にて取り上げ続ける。48年には『Fate』誌を創刊、UFOやネッシー、雪男や超常現象についての話は、大人気を博す。同時に、50年代のパルプSF小説を大量に世に送り出し、アメリカ人のUFO観に大きな影響与える。その後、『Flying Saucers magazine』を創刊し、これもま

**志水** あとはキーホーの影響があるだろうね。

**皆神** うん。キーホーは大きいね。『TRUE』というアメリカの雑誌にキーホーが書いた「空飛ぶ円盤は実在する」という記事がきっかけになって、数年内にはUFOが宇宙人の乗り物だとする説が広まった。アーノルド事件が起こって、数年内には宇宙人説が定着してんだけど、それまでは「宇宙人が地球に来ている」という説は異端の中の異端の考え方だったんだから。

**山本** 本当に47年から最初の数年で広まったんだよね。

**皆神** プロジェクト・サインが発足したとき、「これは宇宙人の乗り物です」というレポートを空軍上層部に提出したら「ふざけんな！」と激怒されたんだよ（笑）。おかげで誰も見たことがない幻のレポートとして隠蔽されてしまった。

**志水** ハイネックは見たって言ってるね。

**山本** 『地球の静止する日』という映画の最初のほうで、ワシントンに円盤が下りてくるとき、群集のひとりが「ついに来たぞ！ ついに来たぞ！」と言う。この映画は51年に公開されているんだけど、つまりもうこの年には「円盤イコール宇宙人の乗り物」という考え方は一般にかなり浸透してた。アーノルドの事件から4年しか経っていないのに。その後、50年代に大量に製作されたB級SF映画がさらにイメージを定着させたんだろうね。

たヒットさせた。77年逝去。

『地球の静止する日』
→P86参照

グレイが世界を支配する!? 時代と地域とUFO観

## ◆マンテル事件を忘れるな！

**皆神** キーホーが『TRUE』誌に最初にUFOに関する記事を書いたのは何年だったっけ？

**志水** 40年代かな？ 48年にマンテル事件があったし。

**皆神** あ、キーホーの最初の記事は『TRUE』誌の1950年1月号だ。雑誌そのものが出たのは49年のクリスマスだったから、確かにギリギリで40年代だね。クラシック三大事件があった翌年だ。

**志水** それを受けて、UFOは外宇宙からやってきた宇宙船である、と『TRUE』誌に書いたんだよ。この記事は、編集長が「おい、キーホー、この事件について調べてくれんか」と言うところから始まるんだよね。小説仕立ての記事になっている。

**山本** 今、話していて気がついたんだけど、僕らにとって、マンテル事件はすごく印象に残る事件だったでしょ。でも、今の若い人はマンテル事件のことをよく知らないんだろうなぁ。

**志水** いろいろなSFのネタに何回使われているかわからないぐらいなのに。有名なのは『ラドン』かな？『ナショナル・キッド』でもあった。

**山本** 『ウルトラQ』のケムール人の回も、UFOを追いかけていった戦闘機が撃墜

**マンテル事件**
→P49参照

**クラシック三大事件**
マンテル大尉事件と、ゴーマン少尉事件、そしてイースタン航空機事件の三つを指す。ゴーマン少尉事件とは、1948年10月、マンテル大尉と同じF-51戦闘機に搭乗した州空軍パイロット、ゴーマン少尉が夜間フライト中にUFOを発見し追跡、ドッグファイトを行ったという事件。イースタン航空機事件は、同年7月、アラバマ州上空を飛んでいた民間航空機のパイロットが「炎を噴き出す円筒形の物体」を目撃した事件。三つの事件とも、航空機の搭乗員が目撃者である。

**皆神** されるところから始まるんだよね。

**皆神** 今の人たちは、UFOに関する事件なんてロズウェル事件以外、何も知らないんじゃない？ ほかのUFO事件の名前を挙げられる人なんかめったにいないと思う。

**山本** 僕らの世代的には、マンテル事件がいちばん有名だったのに。ケネス・アーノルド事件よりも有名だったよ。

**皆神** ケネス・アーノルドを知っている若い人もほとんどいないだろうね。マンテル事件は、ついにUFOに人間が殺されたということでセンセーショナルだった。

**山本** 直接危害を加えてくるところに恐ろしさがあった。

**志水** 英語だと「be killed」は「死んだ」とも「殺された」とも取れるでしょう。それもミソだったんじゃないかな。

**皆神** マンテル事件もそうだけど、こうしてみると、当時のUFO事件は気象観測気球とかスカイフック絡みのものが非常に多いよね。

**山本** ああ、気球ね。

**皆神** UFO事件の三大クラシックと呼ばれているうちの二つ、マンテル事件とゴーマン少尉が円盤と行った空中戦の正体が、実はどちらも気球を追っていただけだったわけだから。ロズウェル事件だって、墜落したものの正体は気球そのものなんだし。そういう意味では、米軍が上空で行っていたいろいろな諜報活動がUFO目撃談を産んでいた、ということなんだろうね。

志水　アメリカの空軍もわからなかったんだよね。海軍の秘密研究なので知らされていなかった上に、東海岸と西海岸でも管轄が違うから連絡が不十分だった。
皆神　やっぱり正体不明の光る銀色の玉は追いかけてしまうんだろうね。
志水　マンテル事件は結局、セイファート銀河の（カール・）セイファートが双眼鏡で見たら気球だったんでしょ？（笑）
山本　あ、セイファートだったんだ。
志水　「ヴァンダービルト大学のセイファート」と資料に書いてあったから、同じ名前の別人だと思って調べてみたら本人だったんだよ（笑）。

◆ 幽霊飛行船も墜落する

山本　ちょっと遡るけど、20世紀の初め頃、UFOといえば「幽霊飛行船」だったじゃない。
皆神・志水　そうそう。
山本　それから、今度はスカンジナビアで「幽霊飛行機」が目撃される。戦後すぐに「幽霊ロケット」が目撃されるようになって。
皆神　「幽霊ロケット」も北欧で目撃されたんだよね。
志水　その当時の技術を常に一歩、先取りしている。

カール・セイファート
天文学者。バーナード天文台の台長を務めた後、ヴァンダービルト大学の天文学教授となり、アーサー・S・ダイヤー天文台の台長となる。中心核が異常に明るく、中心核から幅広い輝線を放射する「セイファート銀河」を1947年に発見する。

**皆神** 19世紀の話なんだけど、もう今の宇宙人と同じようなことをやっている。幽霊飛行船も実験中にちゃんと墜落するんだよ（笑）。落ちると、シルクハットを被った紳士が目撃者の前に現れて、「失礼、実験が失敗してしまった」なんて言う。すごくカッコいいんだよね。なかには日本人が落ちてきたというケースもあったらしい。

**山本** あったあった（笑）。

**皆神** ちょうど時代が同じなので、二宮忠八の玉虫型飛行器がアメリカまで飛んだとか（笑）。そもそもどうして日本人だとわかったのかは、わからないんだけどね。結局、「空から夷敵が現れる」というイメージなんだろうな。

**山本** ああいう記録って山ほどあるじゃない。それこそ、今のUFO事件に匹敵するぐらいたくさんあるのに、どうしてみんな忘れ去ってしまっているんだろう。昔の幽霊飛行船に関しては、宇宙人ではなくて、どこかの発明家が作っていた、という話だったよね。

**志水** ジュール・ヴェルヌの時代だね。

**皆神** 真夜中に幽霊飛行船の前部から地上にむけてサーチライトの光がパーッと放たれ、その光の中で、幽霊飛行船から下りてきた錨に引っかけられた牛が空中へと吊り上げて行ってしまった。こんなまさにキャトル・ミューティレーションの原型をみたいな事件が早くも1897年にカンザス州で報告されている。もちろん、でっち上げなんだけど、でも、それがカッコいい。

グレイが世界を支配する!? 時代と地域とUFO観

**山本** 目撃者の話によると、「圧搾空気を使って外輪を回して飛んでいた」というの。すごいよね。

**皆神** あの時代には前に動くには外輪が必要だよ（笑）。

**志水** デザインにも時代性があるから。

**山本** やっぱりヴェルヌの影響なんだろうな。ひそかに飛行船を発明した発明家が極秘に飛ばしていたのが故障して不時着して、「すみません、水をください」と言う（笑）。

**志水** 孤独な発明家でも、UFOを作ることができる、というイメージがあったんだ。

**山本** 今、個人でUFOが作れるとは思えないから。清家（新一）さんはがんばっているかもしれないけど。で、なぜかはわからないけど、水を欲しがる。UFOに関しては、本当に時代によって話が違ってくるんだよね。

サーチライトを放つ幽霊飛行船の図

**皆神** 逆にケネス・アーノルド事件って何が面白かったんだろう？ 事件自体はぜんぜんつまらないよね。どうしてあんなエポックになったのかがわからない。でも、あれから爆発したからね。

**志水** 実際に爆発したのは、そのあとのマンテル事件からじゃないかな？

**皆神** うーん、どうなんだろう？ でも、

**清家新一**
東京大学大学院修士課程卒業、日本物理学会会員。大学2年生のときに火星の女性からラブレターを受け取り、以降、彼女に会うため空飛ぶ円盤の製作に取り組んでいる。『宇宙の四次元世界』『空飛ぶ円盤製作法』『実験円盤浮上せり』などの著書がある。詳しくは『トンデモ本の世界』（宝島社文庫）などを参照のこと。

第2章◎グレイが世界を支配する!?　時代と地域とUFO観

あの頃から明らかに爆発しているんだよ。ケネス・アーノルド事件が起きた1947年6月24日の同じ日に起きたUFO目撃報告を調べると、数十件もUFOが目撃されているの。10万件以上ものUFOの目撃例を集めている「UFOCAT」というCDがあるんだけど、それで検索すると同じ日に大量の目撃例が出てくるんだよ。いわばケネス・アーノルドも、そのワン・オブ・ゼムにすぎないんだよ。

**志水**　それは目撃した人たちが、あとから思い出したときに「そういえばあの日に…」ということにしちゃうから（笑）。

**皆神**　そうそう。本当は1日後だったとしても、「どうせならアーノルドと同じ日にしちゃえばいいよな！」っていう心理はあったのかも（笑）。

**志水**　実際の目撃例も、自分に都合がいいように作り変えられているわけだからね。例の1964年4月24日のソコロ事件と同じ日に、同じような形のUFOが別のとろに着陸して、という話があるじゃない。UFOから降りてきた宇宙人が何を言ったかというと、「マーティン・ルーサー・キングが暗殺されるよ」（笑）。そういう部分は、普通のUFO話ではカットされているんだよね。でも、予言の一部が当たっているんだよ。

**皆神**　政治家の暗殺を予言するために降りてきてもらわなくてもいいけど（笑）。

**志水**　そりゃそうだ（笑）。でも、この話はいわゆる妖精っぽい話なんだよね。

**山本**　昔から、妖精とか天使とかが地上に降りてきて予言する話はよくあった。「消え

→ソコロ事件
P51参照

るヒッチハイカー」なんてのもそうだし。ヒッチハイカーが乗ってきて、最後に予言をして去っていく、というパターンもある。

**皆神** UFO研究には大きなふたつの流れがあるんだよね。ひとつがアメリカ流、もうひとつがイギリス流。アメリカのほうは「ナッツ＆ボルト派」といって、ネジとボルトで締めた金属の塊がドカーンと地上に落ちてきて、その中からコロコロっと宇宙人が転がって出てくるというメチャクチャに物質主義的な考え方。一方のイギリス流のほうは、ミステリーサークルもそうだけど、妖精と一緒にくるくる回っているうちに、中に巻き込まれて時間がわからなくなっちゃうみたいな、精神性が強くてより民俗学的にフォークロアっぽくUFOを見るというスタンス。

**山本** でも結局、そういうものの見方は淘汰されてきちゃったんだ。

**皆神** マクドナルドと一緒にアメリカなるものが侵略しているんだよ（笑）。

**志水** 帝国主義は怖いな（笑）。

## ▲アメリカとヨーロッパのUFO観

**皆神** UFOが墜落してくるエピソードは他の国や地域にもあるけど、圧倒的に多いのがアメリカだよね。世界中でアブダクションされるのがアメリカ人ばっかりというのと同じように、UFOの墜落はほとんどアメリカ人のお家芸。日本でもUFOが墜

第2章◎グレイが世界を支配する!?　時代と地域とＵＦＯ観

落してきたという事例はほとんどないからね。

志水　ゼロではない、という程度だね。

皆神　「ＵＦＯの墜落」というのは、アメリカ人にとって、ひとつのフォークロアとして成立している。逆に、宇宙人像は全部グレイになってしまったんだけど。

志水　グレイはクーパーが言い出したんだよね？

皆神　そうなの？　（ポール・）ベネウィッツ博士だと思ったけど。

志水　少なくとも「ラージ・ノーズ・グレイ」という言葉を使ったのは、クーパーが最初のはず。

山本　なかには「グレイ星人」なんて書いてある本まであるんだよ（笑）。とにかくやめてほしいのは「グレイ星人」と「レプティリアン星人」！（笑）　レプティリアン（爬虫類人）って星の名前じゃないよ！　特に心霊系の本とかだと、そういうことが平気で書いてあったりするんだよね。

志水　クーパーによると、「宇宙人は５種類ある」と言うの。それはなぜかというと、昔のアメリカの空軍の教科書にそう書いてある（笑）。でも、その原文をチェックしてみると、参考文献はＡＰＲＯのロレンゼンの本なんだよね。だから５種類といっても、グレイとかじゃなくて、「巨人型」「人間型」「毛むくじゃら型」などといった分類なんだ。「宇宙人は５種類」という言葉だけが一人歩きしちゃっている。

皆神　五つぐらいの分類ってあるからね。竹内文書の五色人とか。

---

**ウィリアム・クーパー**
元アメリカ海軍の情報将校。1988年末から89年にかけて、「マジョリティー計画」と呼ばれるＵＦＯに関する機密文書と、存在しないとされていたプロジェクトブルーブックの「特別報告書第13号」を見たと名乗り出た。また、「マジェスティック12」と呼ばれていたそれまでの「ＭＪ－12」に関する名称は「マジョリティ・計画」「マジョリティー12」を隠蔽するためのニセのものである、とも主張した。ただし、クーパーによると、地球人は異星人が作り出したもので、地球人と異星人の混血も数多くいて、キリストも異星人が合成で作ったものだという。さらに、マジョリティー12と密約を結んでいるのは、肌が灰色で鼻が異様に大きい「ラージ・ノーズ・グレイ」であり、小型の「リトル・グレイ」はラー

## グレイが世界を支配する!?　時代と地域とUFO観

**志水** たくさんあるとややこしくなるから、だいたい4〜5種類ぐらいに分類しようとするんだよね、本能的に。

**山本** ヨーロッパの宇宙人といえば「ユミット」。あれも息の長い宇宙人だよね。

**皆神** ユミットの話を作り続けている人たちの息が長いということだよね（笑）。

**山本** 何十年もかけて、いろいろな人に文書を送りつづけてるんだから。

**皆神** こういうのはアメリカ人にはないよ。これがイギリスだと、誰も気が付いてくれないのに10年間もの間、2人っきりでせっせとミステリーサークルを作り続けたりするから。

**志水** 歴史と伝統の深さというのがヨーロッパ系の強さだね。

**皆神** アメリカ人はアメリカンドリームの精神で一発当てたい、と思っている（笑）。

**志水** そうそう。その代わり歴史になるほどの根気がない。

**山本** 国民性が出るんだねぇ。

**皆神** あと、ユミットの文章を見ていると、ヨーロッパSFの薫りがするんだよね。特にフランス。アメリカのSFじゃないな、と。

**山本** フランスSFにはセックスの要素が入ってくるの（笑）。ウンモ星の歴史のくだりで、悪い女王がいて、人民に自分のウンチを食わせてたとかいう話が出てくる（笑）。これはちょっとアメリカ人では思いつかないよな。

**皆神** やっぱり息の長さが、というか臭さがヨーロッパを感じるよね。

---

**ジ・ノーズ・グレイ**が遺伝子操作によって作り出した人工生物である、とも証言している。元の「マジェスティック12」自体が偽物である、という指摘が数多くなされている現在、クーパーの証言もまったくといっていいほど信頼性はない。

**ユミット**
1960年代初頭から、何人かのスペイン人のもとに、地球に潜入しているウンモ星人ユミットと称する人物からの手紙が届けられている。その通信は現在も続いているが、高度な理論が記載されているという手紙の内容は科学的な矛盾が数多く含まれている。

第2章◎グレイが世界を支配する!?　時代と地域とUFO観

**山本**　アメリカ人は根気のいる詐欺はやらないよね（笑）。

**皆神**　一発ネタが多い（笑）。巨大な異端建築物だって、アメリカ人は1年ぐらいでドーンと作るじゃない。貝殻を集めて一生かけて作る、みたいなことはしないもんね。

## ▲UFOは「よくわからん何か」説

**山本**　（ジョン・A・）キールなんかは、UFOは非物質的なもので、超次元の知性体みたいなものが人間をからかうためにやっているんだ、という説を書いてる。「宇宙人とか言ってるけど、あれはウソなんだよー」と。はっきりいって、キールのほうが宇宙人説より筋が通ってるんだよね（笑）。でも、世間にはキールの説は受け入れられない。宇宙人説のほうが受け入れられやすい。

**志水**　キールは「よくわからない何か」と言っているんだよね。

**皆神**　宇宙人のエピソードって、細かく見ていくと「まったく意味がわからん！」というものばかりだけどね。

**山本**　「何やってんだ」ってやつね。

**皆神**　キャディラックに乗って壁を突き抜けながらやってきた宇宙人とかもいたから。お前、なんでこんなものに乗ってくるの？　意味わかんないじゃん！（笑）

**山本**　日本にもあったよね。宇宙人の首をすげかえちゃうの。

ジョン・A・キール
→P135参照

**志水** ああ、あったあった。70年代の話だよね。

**皆神** 『UFOと宇宙』という雑誌の76年6月号に、「私は宇宙人の首をすげかえさせられた」という話が載っていて。

**志水** 宇宙人が日本人に頼んで自分の首をすげかえてもらう話（笑）。

**皆神** 自分の車の前方にUFOが降りてきて、中から現れた女性の宇宙人に、「地球に来てから頭の調子が悪いので、代わりの頭と取り替えてくれないか」といって、生首を差し出されたという話。一瞬、宇宙人の正体はアンパンマンではないかと思ってしまったけど（笑）。それから「地面から生えてくる宇宙人の首」ってのもあったよね。地面からモコモコと宇宙人の頭が生えてきちゃうの。

**志水** 気持ち悪い話だよねぇ。

**皆神** でも、その生えてきた頭の写真がちゃんと残ってるの！ 確かに宇宙人の頭みたいなものが生えているんだよ。結局、グレイの顔そっくりのキノコがあって、それが生えているだけなんだけど。それが地上をリング状に取り囲んで生えているから、まるでミステリーサークルの元祖みたいになっているんだよね。

**志水** ウチュウジンダケだ（笑）。

**山本** ミステリーサークルにしても、宇宙人がやっているところを想像すると可笑しいよね。小麦畑にいたずらしたり（笑）。

**皆神** まったく合理的に解釈できないようなことをしている。

**山本** みんな、わけのわからないことは全部宇宙人のせいにしているんだけど、実はキールが言っている「わけのわからないものがやっている」という説とたいして変わらない。

**志水** ジェローム・クラークはそれをまた発展させ、ユングの説と結びつけて、「地球的ポルターガイスト」と言っていた。でも、本人に会ったとき、「あなたの説が非常に好きで」と話したら、「えぇーっ」って感じのリアクションをされてしまって。「僕、今、考えが変わっちゃったんですよ」って（笑）。

**皆神** ジェローム・クラークも今は「ナッツ＆ボルト」系だもんね。

**山本** 昔はもっといろんな宇宙人説があったよね。ジェラルド・ハードの「火星から来たミツバチ」という説があって、あれは読んでみたら面白かった！ 最初にマーチン・ガードナーの『奇妙な論理』で読んだときは、なんで火星から来た"ミツバチ"だったのかがわからなかったんだけど。でも、実際に読んでみてわかったのが、UFOというものは非常に小さなものであると。直径何十センチとかのものがけっこう多い。

**皆神** そういえば最近、小さなUFOってなくなっちゃったね。

**山本** そのなかに人間みたいな生物は乗れないから、乗っているのは昆虫に違いないと。で、昆虫のなかでいちばん頭のいいのはミツバチである。当時はミツバチがダン

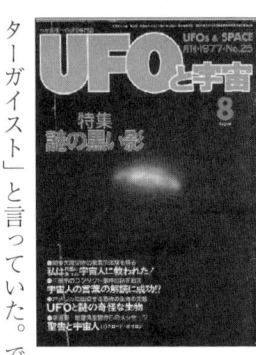

『UFOと宇宙』77年8月号

**ジェローム・クラーク**
UFO研究家。UFO雑誌『Fate』の元編集者であり、現在はアラン・ハイネックが設立したUFO研究所CUFOSに所属する。著書に『The Ufo Book : Encyclopedia of the Extraterrestrial』がある。

**ジェラルド・ハード**
作家。51年、日本初のUFO図書と言われている『地球は狙われている』が『ポピュラー・サイエンス』臨時増刊号として刊行された。H・F・ハードの名でホームズのパスティーシュ小説『蜜の味』を発表している。

**マーチン・ガードナー**
アメリカの数学者、著述家、アマチュア手品師。懐疑者であり、疑似科学や超常現象批判でも有名。著書『奇

グレイが世界を支配する!? 時代と地域とUFO観

皆神　ダンスで伝える言葉を利用している、という話があったよね。

山本　そういう最新の知識を利用して、火星からミツバチが円盤に乗ってやってきている、という説を唱えた。だから一応、筋は通っている。

皆神　昔、UFOの加速度に耐えられるのは小さくてしっかりした外骨格を持っている昆虫類しかいない、という説もあったよね。

志水　そうそう。唐沢俊一さんに教えてもらった黒沼健先生の小説にもそんなのが出てくる。あと、『鉄腕アトム』にもなかったかな。『X-ファイル』の映画版でもミツバチの話が出てきていたよね。

皆神　おー、たしかにそうだ。

志水　『X-ファイル』って、昔、起きたときにはすごく問題になったけど、その後うやむやになってしまった事件をうまく取り入れている。

皆神　だって731部隊が出てくる話とかもあったもんね（笑）。実は宇宙人を捕虜にしていたという話（笑）。

志水　うまく使えば日本が勝ってたのに（笑）。

◆ 最近の宇宙人は色気がない！

妙な論理〈1〉──だまされやすさの研究」『奇妙な論理〈2〉なぜニセ科学に惹かれるのか』は懐疑主義関係の書籍としては古典とされる。ジェラルド・ハードの「火星から来たミツバチ」は、『奇妙な論理〈2〉』に所収。

第2章◎グレイが世界を支配する!?　時代と地域とＵＦＯ観

皆神　何年に目撃された宇宙人、というのを並べてみるとなかなか楽しいんだよ。大きくなったり小さくなったり、緑色になったり、あるときを境にして急にみんなグレイになっちゃう。グレイ、グレイ、グレイですごくつまらない。

志水　灰色の未来（笑）。

山本　そうなると、この本だね。『宇宙人大図鑑』！（笑）

志水　この本で感動したのは、ジェラルド・ストーンの本名がわかったこと。森の中でロボットと出会った人なんだけど。

山本・皆神　はいはいはい。

志水　あちらの資料では「ミスターB」かなんかで、南山（宏）さんの本（大陸書房『超現実の世界』など）の中では、ジェラルド・ストーンという南山さんがつけた名前で出てきたでしょ。

皆神　しかし、宇宙人の姿って、目撃者が最初に見た姿から連想ゲームみたいにどんどん変化していくからね。最後のほうになって急にカッコよくなったり。

山本　それにしても、どこからこんなものを思いついたのかが不思議だよねぇ。

志水　「逆さイヌ」みたいなものとかね。

山本　ユニークですよねぇ。この「ピーナツ型宇宙ロボット」って好き！

志水　「缶ビール型ロボット」ってのもあったよね（笑）。大きさも缶ビール大。

ジェラルド・ストーン
南山宏著『超現実の世界』に登場する地質学者。1964年、カリフォルニア州サクラメントで狩りをしていたところ、オレンジ色の両目を持つ四角張った形のロボット2体と遭遇。木のうえから持っていた弓矢やマッチの火で宇宙人たちを追い払った。

74

グレイが世界を支配する!? 時代と地域とUFO観

**山本** ほかにも、いかにも1960年代当時のデザイン・センスのロボットがいる。『丸出ダメ夫』に出てくるボロットみたいな。

**皆神** 最近、ロボットを連れてくる宇宙人がいないよね。

**山本** あっ、本当だ！

**皆神** 昔は円盤が降りてくると、そのまわりに毛むくじゃらのビッグフットがよく出たりしたんだ。ビッグフットと円盤ってよくある組み合わせだったのに、最近は恥ずかしくなったのかやめちゃったもんね。もっとロシアみたいに堂々と降りてきてほしい（笑）。

**山本** 宇宙人がロボットを連れてくる、というのもSF映画の影響だろうね。『地球の静止する日』でもそうだし。宇宙人はロボットと怪獣を連れてくる。

**志水** ああ、そうかそうか。

**皆神** それは正しいよね（笑）。

**山本** 最近の宇宙人は怪獣も連れてこないなぁ。

**皆神** 色気がないよね。面白くない。グレイなんか、美術的にみても点数が低そうだよ。もっと3メートルの宇宙人が100体ぐらい

名著!? 『宇宙人大図鑑』

**ビッグフット**
別名サスカッチ。ロッキー山脈に棲息すると言われる、身長2メートル超の獣人。ビッグフットを撮影したといわれるパターソン・フィルムが有名。

第2章◎グレイが世界を支配する!?　時代と地域とUFO観

## ◆イスラムUFOに頑張ってもらおう

皆神　ビジュアルがよくない！　最近の宇宙人は絵にならないよね。

志水　ビジュアルがよくないよね。

皆神　ザーッと攻めてくればいいのに（笑）。

皆神　これからはUFOもイスラム語圏に頑張ってもらわないとダメだな（笑）。

山本　イスラムのUFOってどんなのだろう!?

志水　どうなんだろう？　やっぱりジンか何かに乗ってきたらカッコいいよね。

皆神　いいね。UFOから降りてきた宇宙人が三つの願いをかなえてくれるとか（笑）。イスラムでは偶像崇拝は禁じられてるから。音とか形だけかもしれないよ。それともあのイスラムの文字だけがグルグル回っているとか（笑）。

志水　UFOに文字が書いてあったケースはいろいろあったけど、アラブ系の文字が書かれていたことはなかったね。

皆神　そういえばないねぇ。

山本　いちおう、イスラム秘教主義とかあるんだよね？

皆神　イスラム圏にもオカルト思想はあるよ。

ジン
イスラム世界で広く信じられている精霊。アラブ、イスラムの神話では超自然の力を備えた醜く邪悪な悪魔を指す。普段は蛇の形をしている。「アラジンの魔法のランプの精」は、このジンを指す。

グレイが世界を支配する!?　時代と地域とUFO観

**山本**　アメリカ陰謀論とか終末論はあるのに、イスラムのUFOって聞かないなぁ。

**皆神**　UFOって西洋文明的なものなんだよ。

**山本**　アフリカにもUFO目撃談があるんだよね。

**志水**　あるある。

**皆神**　情報が上がってこないだけなのかもしれないよ。アフリカのUFOも、パプアのUFOと一緒で、宣教師と一緒になどは有名だったし。

**山本**　ああ、そうかもしれない。これからUFOを支えるのは中国なのかな？

**皆神**　でも、中国にもグレイが出てきているからもう終わりかもしれない。だいたいグレイが出てきたらどこも終わりだね。あとはロシアかな。やっぱり3メートルの宇宙人に降りてきてほしい（笑）。巨大で毛むくじゃらな怪物とかロボットと一緒に降りてきてほしいですね。誰もが「これこそ宇宙人だ！」と思うような。ブラジルにもUFOはたくさん出るんだけど、ヘンな話ばっかりなんだよ。

**志水**　ブラジルには日本語新聞にたまに載るみたいだね。ロズウェルや日本の羽咋市みたいにUFOで村おこししているところがあるみたいだし（笑）。

**山本**　UFOで村おこし！（笑）

**イランでのUFO撃墜事件**
1976年、イランの首都テヘランにUFOが出現、撃墜命令が出されたイラン空軍がスクランブル出動した事件。また、2004年にはイランの原子力施設上空にてUFOが幾度か目撃され、それに対して撃墜命令が発せられた。

第3章◎元ネタはコレだ!? 映像で見るUFOと宇宙人

# 元ネタはコレだ!? 映像で見るUFOと宇宙人

**志水** さっき『X-ファイル』の話が出たけど、忘れちゃいけないのが『地球の静止する日』。この映画に出てくるように、昔の宇宙人は人間と同じで普通の格好をしている、というイメージがあったんだよね。アダムスキーが出会った宇宙人のイメージも、そんなに異常ではなかったんだ。『地球の静止する日』に出てくる宇宙人は、アダムスキーが遭った宇宙人まったくそのまんまだもんね。ベルトの幅が違うだけで、コスチュームまで同じ。

**皆神** そうそう。間違いなくアダムスキーはあの映画の真似をしている（笑）。

**志水** ただ、フィリップ・J・クラスにその話をしたら、「僕、映画は観ないからよくわからない」と言われちゃって（笑）。

**山本** 観とけよ！（笑）。でも、秋山眞人さんもこの映画のこと、知らないんだよね。

**皆神** うそ!?

**アダムスキー**
→第6章、P50参照

**秋山眞人**
気功、超能力の実践家。UFO研究家でもあり、UFOを呼ぶことができるという。国際気能法研究所所長。詳しくは第5章参照。オフィシャルサイト
http://www.makiyama.jp/

元ネタはコレだ!?　映像で見るＵＦＯと宇宙人

山本　だって、秋山さんが訳したリマーの『私は宇宙人にさらわれた！』（三交社）という本の中で、この映画のことを『地球が立ち尽くす日』って書いてあったりするからね（笑）。おいおいおい、そういうふうに訳すんじゃないよ、っていう。

皆神　三流ＳＦ映画の邦題がちゃんと載っているのは洋泉社の本ぐらいだから（笑）。あとはみんな適当に訳してごまかしている。

山本　でも、ＵＦＯや宇宙人の話って、かなりＳＦ映画の影響って大きいよね。『空飛ぶ円盤地球を襲撃す』（56年）もそうでしょ。

志水　あれは原案がキーホーなんだよね。

山本　そうそう。ＵＦＯの中に入ると時間が止まってしまう。あれが「円盤の中は時間感覚が違う」という話のはしりなんじゃないかな。

志水　ああ、そうか。なるほどね。本来は時計が止まっている、ってのは円盤磁力の影響だったんだけどね。

山本　ＵＦＯからロボットみたいなものが出てくるんだけど、それが宇宙人のパワードスーツみたいなものなの。死んだ後にヘルメットを取ってみると、その下から出てくる素顔がグレイそっくり。丸い頭で、アーモンド型の黒い目をしている。『未知との遭遇』はもちろん、ヒル夫妻事件なんかより、こっちのほうがずっと早いんだけどね。

皆神　モノクロ映画だからなんでもグレイ（笑）。

『世紀の謎／空飛ぶ円盤地球を襲撃す』
→Ｐ87参照

山本　あと、『アウターリミッツ』(63年)の影響も大きいと思う。

皆神　グレイも『アウターリミッツ』から生まれた、と言われているぐらいだからね。ヒル夫妻がUFOに遭遇し、逆行催眠をかけられる直前に『アウターリミッツ』をたまたま見てしまったから、目撃証言に出てくる宇宙人がグレイそっくりになっちゃった、という話まである。本人たちは『アウターリミッツ』を見ていない、と言い張っているけどね。

山本　最初、ヒル夫妻の目撃談によると、髪の毛が生えている宇宙人だった。

皆神　そうそう。彼女らの証言は時間が経つごとに宇宙人の形がどんどん変わっていく。最初は赤毛のアイルランド人とか、ナチスの軍服を着て首に黒いスカーフをした宇宙人だったりしたんだよ。これはちょっと萌える宇宙人かも(笑)。でも、あとから出る証言となるとぜんぜん姿が違うからね。

志水　ヒル夫妻が見たと言われている『アウターリミッツ』はどんなエピソードだったっけ？

皆神　「宇宙へのかけ橋」という話。全体が常にボケている宇宙人が登場するの。あれはカメラの前に何かを置いて撮ったのかな？

山本　地上から打ち出したレーザー光線に捕まってスルスルと、白く輝いているような宇宙人が降りてくるという設定だったね。

山本　宇宙人がどんな攻撃でも防げるバリヤーを持ってて、科学者の妻がそれを盗ん

**ヒル夫妻**
→P50参照

**『アウターリミッツ』**
63年より放送された1話完結のSFテレビシリーズ(日本での放送は64年より)。毎回登場するエイリアンやモンスター、UFO、超常現象などに遭遇した登場人物たちが、"限界を超えた〈アウターリミッツ〉"体験をする。53年版『宇宙戦争』の監督バイロン・ハスキンらも参加している。ヒル夫妻が観たと言われている「宇宙へのかけ橋」は第1シーズン第20話。

元ネタはコレだ!?　映像で見るUFOと宇宙人

『インベーダー』のDVDジャケット

で夫の発明のように見せかけようとするんだけど、解除する方法がわからなくてバリヤーの中に閉じ込められてしまう。あれは子供心に怖かった。

**志水**　そうそう。しかもバリヤーが解除されたはずなのに、なぜか出れない。

**皆神**　『アウターリミッツ』が始まる時間になると、もう寝るといっていつも寝てましたよ(笑)。だって怖かったんだもん。

**山本**　じゃ、『インベーダー』は?

**皆神**　『インベーダー』は大丈夫だった。『アウターリミッツ』と『インベーダー』って、ちょっと間が空いてなかった?

**志水**　『インベーダー』は、もうカラーの時代ですからね。『逃亡者』と同じプロダクションの製作で、物語の基本構造が同じ(笑)。

**山本**　『インベーダー』のオープニングは……いいんだよねぇ～(笑)。デビッド・ビンセント(ロイ・シネス)が夜中に車を運転してて、田舎の道に迷いこんだら、そこにアダムスキー型円盤が飛んできて着陸するのを目撃する。竹本良さんの「UFO・ETの存在

『インベーダー』
67年より放送されたSFテレビシリーズ(日本でも同年に放送)。偶然、円盤の着陸を目撃し、宇宙からの侵略者=インベーダーの地球侵略を知った建築家デビット・ビンセント(ロイ・シネス)の戦いを描く。ビンセントは全米各地で発生する奇妙な事件や円盤の目撃地点をめぐり、宇宙人の侵略計画を妨害する。

第3章◎元ネタはコレだ!? 映像で見るUFOと宇宙人

証明」(KKベストセラーズ)の巻頭に、「新着ベルギーフィルム」とかいって載っている(笑)。でも、本当のアダムスキー型は違うから。下に球体が3個ついているのが本当のアダムスキー型。『インベーダー』に出てくるUFOは、球体がなくて5個のライトがついているからアダムスキー型じゃない(笑)。

## ◆決戦！ UFO対爆撃機!?

**山本** そういえば、『インベーダー』の頃はまだ「軍と宇宙人が結託している」という話は出てこないでしょう。

**皆神** 『インベーダー』って何年のドラマなんだっけ？

**山本** 1967年ですね。

**皆神** じゃ、まだプロジェクト・ブルーブックの調査の最中だね。人間が月に行くちょっと前。

**山本** 宇宙人が人間に化けて、NASAの月計画を妨害するとか、軍に潜入していろいろ陰謀を企む、という話は出てくるんだけど。

**志水** ノーラッド(NORAD・北米航空宇宙防衛司令部)の防衛網を操作して、UFOの大編隊がやってくるのを隠してしまう、という話だね。

**皆神** でも、軍が主体になってやっている、という感覚じゃなかったね。

**志水** あくまで外から忍び込まれる、って感覚。冷戦時代ですからね。宇宙人が死ぬときは赤く燃えて正体を現す(笑)。でも、後で聞いたら実際、ノーラッドはそういうプログラムになっているんだよ(笑)。UFOが出てきても、コンピュータが自動的に排除してしまう。

**皆神** えっ、それ本当なの? だって未確認飛行物体を排除しちゃったら、空中防衛にならないじゃん(笑)。

**山本** 最後、宇宙人の工作が破れて、スクリーン上にUFOの編隊が一斉に現れちゃう。すると、アメリカ空軍がスクランブルをかけて、なんでか知らないけどB-52まで出撃する(笑)。

**志水** あったあった(笑)。

**皆神** B-52って爆撃機だよ! どこに爆弾を落とすんだよ!(笑)

**山本** あと、スーパーセイバーがゼロ発進するの。カタパルトからピューッ!と飛び出して。あれがむちゃくちゃカッコいい。飛行機が好きな人間なら燃える(笑)。

**皆神** 軍による陰謀説が流れるのは、たしかにその後かもしれないね。ベトナム戦争の後ぐらいかな。アメリカがベトナム戦争に負けちゃって、ロズウェル陰謀説も軍が全部握っている、という話になる。

**山本** 軍がUFOの情報を隠している、という説はいっぱい出てきたね。

**皆神** プロジェクト・ブルーブックもそう言われているし。

志水 エメ・ミシェルの『空飛ぶ円盤は実在する』(高文社)もそうだね。

## 北朝鮮がUFOを飛ばす!?

皆神 軍の陰謀説は、ある意味、キーホーが原点だったりするんだよ。キーホーが最初に考えついたわけではないんだけど、彼が「軍が情報を隠蔽している」とガンガン言いはじめた。ほとんどロズウェルの話の原型といえるんだよね。そういえばこの前、並木さんはキーホーの本を中心にして『ムー』で特集をやっていたよ(笑)。

山本 今頃キーホーを持ち出すか(笑)。もうUFOもネタがないんだなぁ。

志水 『ムー』は創刊当時、何年ネタが持つだろう、と言われていたんだけど、うまく繰り返してきたわけだ。

山本 でも、さすがに最近、UFOネタがあまりないから。

志水 アダムスキーが言っていた「国際銀行家の陰謀」という説もあったね。ユダヤ陰謀論の言い換えなんだけど。国際銀行家ってのは、ユダヤ人のことだからね。それがどんどん進んでいっちゃって、ついにウィリアム・クーパーの『蒼ざめた馬を見よ』という本には、例の偽書「ユダヤ議定書」まで載っている。私はあの本を買って、それこそ青ざめたよ(笑)。

山本 そういえば、今、北朝鮮がUFOを作っている、って話はないもんね。

**エメ・ミシェル**
フランスのUFO研究家。高文社より『空飛ぶ円盤は実在する』を50年に刊行している。

**ユダヤ議定書**
ユダヤ人の長老たちによる第1回シオニスト会議で決議された、秘密権力の世界征服計画書。もちろん偽書であり、ユダヤ陰謀論に使用されることが多い。「シオン賢者の議定書」「シオンのプロトコール」などの別名がある。

元ネタはコレだ!?　映像で見るUFOと宇宙人

皆神　北朝鮮は来ないだろうなぁ。UFOに乗って、亡命してきたりしてね(笑)。墜落したと同時に、外に走りだしてきたり(笑)。

山本　「水くれませんか」って(笑)。

志水　昔の『地球防衛軍』(57年)とかを観てると、あれは進駐軍や在日米軍に対するいやがらせみたいなストーリーじゃない(笑)。でも、今観ると北朝鮮みたいなんだよなぁ。

山本　円盤で飛んできて、女を拉致しちゃうんだよね(笑)。

皆神　今の社会不安を考えると、ジャンボジェットが高層ビルに激突する危険性を別にすれば、空を仰ぎ見るようなことはないのかもしれないな。

山本　それこそ逆に、「アメリカ政府の陰謀」みたいな話になっちゃうから。

志水　『X-ファイル』だって、空の話はないもんね。地上でいろいろなことが起きていて、どこかに何かの基地があって、みたいな話が多い。

山本　ああ、たしかに。あと、ソ連は脅威ではなくなってるんだなぁ。もう、アメリカ人はいつのまにかロシアのことが好きになっちゃってるし。

山本　『インデペンデンス・デイ』という映画もあったね。

山本　あれも『宇宙戦争』の焼き直しだもんね。原爆を投下しにくる爆撃機が全翼機『宇宙戦争』ではYB-49、『ID4』ではB-2ってところでそっくり。

志水　っていうか、基地が襲われるシーンなんか、『パール・ハーバー』なんじゃない？

【地球防衛軍】
57年に公開された東宝特撮映画。地球侵略を狙う怪星人ミステリアンが、ロボット怪獣モゲラを操り日本に襲来。対する地球側は地球防衛軍を組織し、超科学兵器を総動員してミステリアンに対抗する。監督：本多猪四郎、特技監督：円谷英二。

◎UFO用語の基礎知識

# UFO用語の基礎知識
## 事件が先か？ 映画が先か？
## 必見！ UFO映画レビュー

◆『地球の静止する日』(51年)

ワシントンに巨大円盤が着陸、中から現われた宇宙文明からの使者クラートゥは、核兵器の危険を地球人に警告して去ってゆく。

20世紀FOXよりDVD発売中

UFO映画の古典にして、「地球人の科学の暴走を警告する善意の宇宙人」という、のちに続出するコンタクト・ストーリーの基本パターンを確立した作品。2年後に出版されるアダムスキーの『空飛ぶ円盤実見記』は、金星人のコスチューム、円盤の描写など、この映画との類似点が多い。

クラートゥは自分の力を誇示するために、地球上の電気を30分だけ止めてみせる。バッテリーが働かなくなったため、車もすべてストップ。これらものちに一般化する「UFOの電磁効果」（UFOが現われると車がエンストする）という話のヒントかもしれない。

86

事件が先か？　映画が先か？　必見！　ＵＦＯ映画レビュー

## ●『惑星アドベンチャー／スペース・モンスター襲来！』(53年)

火星人が地球侵略を企む典型的Ｂ級映画だが、地下基地に連れこまれた人間が手術台に載せられ、首の後ろにインプラントを埋めこまれる場面があり、後年のアブダクション証言に影響を与えていると思われる。

火星人のリーダーは頭が大きく、肉体は退化していて、球形のカプセルの中で生きている。当時のＳＦ映画には他にも『宇宙水爆戦』(55年)や『暗闇の悪魔／大頭人の襲来』(57年)など、頭の大きい異星人が登場するものが少なくなく、「異星人＝頭がでかい」というイメージはこの頃から定着してきたようである。

督は特撮の神様、レイ・ハリーハウゼン。クライマックスのワシントン襲撃シーンでは、崩れ落ちる建物の破片のひとつひとつをワイヤーで吊ってひとコマずつアニメートするという、気の遠くなるような手法を用いた。ティム・バートンの『マーズ・アタック！』には、この映画のパロディがふんだんに出てくる。

元海兵隊少佐ドナルド・キーホーの著書が原作ということになっているが、完成した映画を観たキーホーは怒ったらしい (笑)。異星人はオムスビ形のヘルメットをかぶっているが、一瞬だけ出てくる素顔がグレイそっくりなのは驚き。

## ●『世紀の謎／空飛ぶ円盤地球を襲撃す』(56年)

当時の円盤ブームに便乗した作品の１本。特技監

アメリカ版ＤＶＤのジャケット

87

◎UFO用語の基礎知識

## 🔶『アウター・リミッツ』(63年)

SFオムニバス・ドラマの名作。「宇宙へのかけ橋」というエピソードに登場する異星人（ビフロスト・エイリアンと呼ばれる）は、全身が白っぽくて頭髪がなく、目全体が黒目で吊り上がっており、鼻がない。のちに言われるグレイ・タイプによく似ているのだ。ベティ・ヒルが自分たちを誘拐した異星人の姿を、現在知られているグレイ・タイプのように描写しはじめたのは、このエピソード放映の12日後。この番組が証言に影響を与えた可能性があると言われている。

また、「狂った進化」に登場する未来人は、頭が大きくて耳がとがっており、手には指が6本ある。これもグレイのイメージに近い。こうしたテレビ番組やB級SF映画、SF雑誌、コミックスなどが、大衆の間に「異星人」の外見に関するイメージを広げてゆき、それが最終的に『未知との遭遇』によって、グレイ・タイプに収束されたのである。

なお、竹本良＋小川謙治『UFO・ETの存在証明』（KKベストセラーズ）には、「狂った進化」の未来人が「ケンタウロス座アルファ星のET」として紹介されている（笑）。

## 🔶『三大怪獣／地球最大の決戦』(64年)

冒頭、宇宙人と交信しようとしている「宇宙円盤クラブ」の描写に注目。現在の「UFOマニア」という言葉から受けるイメージと異なり、恰幅のいい学者らしい人物が会長を務め、他のメンバーもあまり浮世離れしたイメージではない。これは日本初のUFO研究団体「日本空飛ぶ円盤研究会」をヒントにしているものと思われる。1955年、荒井欣一氏によって設立されたこの会、顧問には北村小松、糸川英夫、徳川夢声ら、普通会員にも三島由紀夫、黛敏郎、黒沼健ら、当時の有名人が名を連ねていた（60年に荒井氏の病気によって一時活動停止）。

もっとも、会長が地球に異変が迫っていると力説するあたりは、CBA（宇宙友好協会）の影響を感じさせる。57年に発足したこの団体は、会長の松村

事件が先か？　映画が先か？　必見！　ＵＦＯ映画レビュー

## 『謎の円盤ＵＦＯ』（69年）

『サンダーバード』のジェリー・アンダースンが製作した特撮ドラマの名作。ＵＦＯの地球侵略と戦う地球防衛組織ＳＨＡＤＯの活躍が描かれる。ミニチュア特撮とスタイリッシュな映像は今見ても遜色がない。日本では70年に放映。インベーダーという言葉を日本に定着させた『インベーダー』（67年）に続き、この番組がＵＦＯという言葉を定着させた。

宇宙人は人間の内臓を奪いに来るという設定。そう言えばキャトル・ミューティレーションが話題になるのはこの数年後である。

例の「異星人解剖フィルム」で、異星人の死体の目から黒い膜が取り除かれるシーンで、「それ『謎の円盤ＵＦＯ』のオープニングじゃん」とツッコんだのは僕だけではないはずだ。さらには並木伸一郎氏が「地球防衛組織シャドーは実在する」と言い出し……いやはや。

雄亮が「宇宙人とコンタクトして地球に大変動が迫っていると知らされた」と主張、60年にはその予言がマスコミに洩れて大騒ぎとなった。

また、「宇宙円盤クラブ」は電波を使って宇宙人と交信しようとしていたらしい。宇宙人との直接接触や、テレパシーによるチャネリングが主流の現在のＵＦＯカルトでは、あまり見られない光景である。

これも当時、アメリカのジョージ・ハント・ウィリアムスンが「宇宙交信機」なるものを用いて宇宙人とコンタクトしていたという話があり、日本でも1962年頃、「優良宇宙人と交流する会」というグループが、テープレコーダーから流れる「宇宙人の声」に耳を傾けていたという。この映画の中では、そうした当時の「空飛ぶ円盤研究団体」の典型的なイメージがミックスされて反映されている。

東北新社よりＤＶＤ発売中

◎UFO用語の基礎知識

## 『UFOとの遭遇』(75年)

ヒル夫妻事件をドラマ化したTVムービー。黒人のバーニーと白人のベティの夫妻が抱えていた心理的問題が、ベンジャミン・サイモン医師による催眠療法を通して浮かび上がってくる。アブダクション体験を迫害におびえる2人の共同幻想とする解釈が提示される一方、ラストでは異星人の実在も示唆される。

退行催眠による回想の場面で、グレイ型異星人によるアブダクションが詳細に描写される。

この番組がNBC系列で放映されたのは1975年10月20日だが、この直後から「異星人に誘拐された」とか「誘拐されたのを思い出した」という訴えが続出することになる。たとえば有名なトラヴィス・ウォルトン事件が起きたのは、この番組放映のわずか2週間後である。

他にも実話もののUFO映画には、作家ホイットリー・ストリーバーのアブダクション体験を映像化した『コミュニオン/遭遇』(89年)、トラヴィス・ウォルトン事件を映画化した『ファイヤー・イン・ザ・スカイ/未知からの生還』(93年)、ロズウェル事件を描いた『ロズウェル』(94年)などがある。

## 『未知との遭遇』(77年)

内容については説明不要であろう。原案になったのはジョーゼフ・アレン・ハイネック博士が1972年に出版した『UFO体験:科学的調査』(日本では『UFOとの遭遇』という題で78年に大陸書房より出版)。管制塔に「UFOだと報告したいか?」と

事件が先か？　映画が先か？　必見！　ＵＦＯ映画レビュー

訊ねられ「ノー。報告したくない」と答える旅客機パイロット、パトカーによるUFO追跡劇（目撃者の1人はUFOの形状を「ソフトクリームのよう」と形容している）、揺れる道路標識など、映画の前半にあった場面の多くが、この本に紹介された実話に基づいている（もちろん大幅に脚色されてはいるが）。フランソワ・トリュフォー演じるラコーム博士のモデルは、フランスのUFO研究者ジャック・ヴァレと言われている。

ラストで登場するグレイ型異星人は、先の『UFOとの遭遇』とともに、大衆に異星人のイメージを決定的に植えつけてしまった。たとえばベティ・アンドレアソンがアブダクション体験を「思い出した」

ソニー・ピクチャーズよりDVD発売中

のはこの年。以後、アブダクション体験に登場する異星人は、みんなグレイ型になってしまう。

また、「米軍によるUFO事件隠蔽工作」「米政府と異星人の密約」というモチーフも、この作品以後、一般化した。

### 🛸『プロフェシー』(02年)

UFOや異星人はストレートに登場しないが、UFOマニアなら必見の映画。1966年から67年にかけてウェスト・バージニア州ポイント・プレザントで起きたモスマン事件を扱った、ジョン・A・キールの著書の映画化。舞台を現代に移し、かなり脚色されてはいるが、主人公の周囲に奇現象が頻発する過程は不気味で、原作の持ち味をよく伝えている。モスマンを人間には理解不可能な高次元の存在と位置づけており、凡百のB級SF映画とは一線を画している。

（この項、すべて山本弘）

その
2

# 第4章◎全部信じてました!? 我々はいかにUFOにのめりこんでいったのか

## 全部信じてました!?
## 我々はいかにUFOにのめりこんでいったのか

**山本** 僕らはいつの間にかUFOが好きになっていたよね。子供の頃から、円盤はずっとあったでしょ?

**志水** 『少年キング』で毎号のように特集していたからね。円盤を取り上げなくなってから、『少年キング』は売れなくなった(笑)。

**山本** 雑誌とかでさんざん取り上げてたよね。特集の定番企画だったのに。今の子どもたちは何を見て育っているんだろう?

**志水** アイドルでしょ?(笑)

**山本** 『ケロロ軍曹』だって、3メートルの宇宙人とか出てくるけど、今の子どもには元ネタはわからないだろうね。あの作者、どうも「トンデモ本」シリーズを読んでるみたいなんだ。「シャワー室の中で気配だけする宇宙人」が出てきたりするし(笑)。あれはリサ・ロイヤルの本が元ネタだから。いや、ネタじゃないのか。本人は真面目

**リサ・ロイヤル**
アリゾナ州在住のチャネラー。79年、家族とUFOを目撃したことから、地球外生命体についての関心を深める。85年以降は、世界中で多数のセミナーや公演を始め、ペルー、エジプト、イースター島など各地の聖地を巡るツアーも開催。「シャワー室に気配だけする宇宙人」については、

全部信じてました!?　我々はいかにUFOにのめりこんでいったのか

に言ってるんだから（笑）。夜中にシャワーを浴びてたっら、宇宙人がいる気配がしたって話。

◆「ユーフォー」か「ユー・エフ・オー」か

山本　そもそも僕らが子供だった時代は、UFOのことを「ユー・エフ・オー」と呼んでたよね。

志水　「ユーフォー」じゃなくてね。

山本　テレビでも『謎の円盤UFO（ユー・エフ・オー）』というドラマがあったぐらいだから。この番組が日本で放送されたのが1970年で、その後ぐらいから急に「ユーフォー」と呼ぶようになった。これはたぶん、矢追さんあたりが流行らせたんだろうけど。ところが、海外の人たちがUFOのことをどう呼んでいるかというと、全員「ユー・エフ・オー」（笑）。カートゥーン・ネットワークでやってる『バットマン・ザ・フューチャー』というアメリカのアニメを見てたら、不良少年たちが軍の秘密兵器を見てUFOだと思い込む、という話があったんだよね。ためしに原語で聞いてみたんだけど、不良少年たちでさえ全員「ユー・エフ・オー」と発音してる（笑）。だから「ユーフォー」はスラングというわけでもない。

志水　もともと空軍のUFO研究部長だった（エドワード・J・）ルッペルトさんが

『宇宙人遭遇への扉』（キース・プリースト共著）にて語られている。

『謎の円盤UFO』
→P89参照

エドワード・J・ルッペルト
プロジェクト・グラッジ（後のプロジェクト・ブルーブック）の責任者に着任した空軍大尉。同時に、アラン・ハイネック博士も顧問として着任している。1952年にプロジェクト・ブルーブックが設立されたとき、「UFO」という呼び名を提唱する。53年に退役した後は、『未確認飛行

## 第4章◎全部信じてました!? 我々はいかにUFOにのめりこんでいったのか

**皆神** 「UFO」という言葉を公式用語として採用したんだよね。

**志水** プロジェクト・ブルーブックを担当していた人だね。

**皆神** そうそう。この人が本の中で、UFOのことを「ユーフォー」と発音する、とハッキリ書いている。実は「ユーフォー」のほうが、本来ルッペルトが提唱していた発音なんだ。日本では、CBAというUFO団体が「ユー・エフ・オー」ではなくて「ユーフォー」と呼ぼう、と盛んに言っていたね。なぜかというと、CBAでルッペルトの本を一部翻訳したりしていたから。だけど、皮肉なことに、アメリカでは「ユー・エフ・オー」という発音のほうが一般的になってしまった。大きな辞書を見ても、UFOの項目にはまず「ユー・エフ・オー」という発音記号が載っていて、その次に「ユーフォー」という発音記号が載っている。小さな辞書だと「ユー・エフ・オー」しか載っていない場合もあるね。

**山本** 「ユーフォー」と呼んでいるのは、皮肉なことに日本人だけ（笑）。

**皆神** まあどっちも間違いではないみたいだね。

**志水** いちばん最初に使われていたのは「空飛ぶ円盤」。70年代に入って平野威馬雄さんが『円盤についてのマジメな話』（平安書店）という本を出版しているんだけど、それがもう「空飛ぶ円盤」という言葉が使われていた最後の頃だよね。

**山本** あの頃、ちょうどUFOブームがあったからね。日本では70年代前半ぐらいに

---

物体に関する報告』を刊行した。同書は02年に開成出版より日本版も発売されている。

**CBA**
宇宙友好協会（Cosmic Brotherhood Association）。1957年、久保田八郎、橋本健らによって結成されたコンタクト派のUFO研究会。初期はアダムスキーの影響を強く受けていたが、徐々に独自の活動にシフト。大洪水の到来（ハルマゲドンと呼ばれた）とUFOによる救済を説き、"UFO教団"として社会問題にまで発展した。また、『地軸は傾く？』『われわれ

「UFO」という表記と「ユーフォー」という発音が統一された。もう「円盤」と言うと時代遅れみたいな感じがして（笑）。

**志水** それまでは「UFOって空飛ぶ円盤のことだよ」「ああ、そうか」という会話だったのに、70年代ぐらいから「空飛ぶ円盤ってUFOのことだよ」という会話になったんだ（笑）。

**山本** でも、僕らが子供の頃には、もう「ユー・エフ・オー」という呼び方は知ってたよね。「ユーフォー」じゃなく「ユー・エフ・オー」だったけど。最近の若い人は「空飛ぶ円盤」と言われても、何のことかわからないかもしれないね。

## 🔹 志水一夫、衝撃の告白！

**志水** 告白するとね、僕は60年代末まで、SFもUFOもまったく興味がなかったんだよ。

**山本** ええっ！ 本当に？

**志水** 子供の頃は別としてね。大宮信光さんっているでしょ？ あの方、僕の中学、高校の頃の家庭教師だったんだよ。

**山本** そ、それは知らなかった！ じゃ、大宮さんを経由でSFに入っていったの？

**志水** 高校に入って、「大宮さんと知り合いなんだってね。一緒にSF研を作ろう」と

は円盤に乗った」「宇宙交信機は語る」など、独自の出版活動も盛んだった。

**平野威馬雄**
詩人・仏文学者。著書・訳書は380冊にも及ぶが、超常現象関係にも造詣が深く、「日本空飛ぶ円盤研究会」会員、「お化けを守る会」世話人頭などを務める。料理研究家の平野レミの実父。

**大宮信光**
「SF乱学者」の肩書きを持つノンフィクションライター。60年代初頭よりSFファンジンなどで活動を始め、その後、現在に至るまでサイエンス、SFの分野で数多くの著作を残す。

## 第4章◎全部信じてました⁉ 我々はいかにＵＦＯにのめりこんでいったのか

友人に誘われたのが、SFに入っていくきっかけだった。そういえば、うちの近所にゾッキ本屋があって、そこには高文社の本がたくさん置いてあったんだよ。大宮さんに「先生はこういうのがお好きなんですよね」と言ったら、「志水君、SFと円盤は違うんだよ」と言われて（笑）。

**山本** それは60年代最後のほうね。

**志水** そうそう。

**山本** 初期の『SFマガジン』なんて、それこそ円盤の記事が毎号載ってたよね（笑）。

**志水** あれは高梨純一さんが執筆していた。あと、福島正実さんの戦略なの。『SFファンタジア』の第1巻で、南山宏さんが超常現象のことをいろいろ書いているんだけど、それも福島さんの戦略。SFといえば、どうしても荒唐無稽というイメージがあったから、ノンフィクションの力を借りてファンの人たちを巻き込んでいこうとしていたんだね。そういえば、NHK少年ドラマシリーズの『タイムトラベラー』！ あれも毎回、冒頭にノンフィクションの紹介があったんだよね。今観ると、どの本に載っているネタを使っているかがわかっちゃうんだけどね。「あ、騙されてるぞ」とか（笑）。

**山本** 第1話が「うつろ舟」だったよね。あれはゾクゾクしたなあ。

**皆神** いきなり「うつろ舟」なの⁉（笑） すごい入り方だなあ。

**山本** 本当は、SFはUFOと仲がよかったんだよ。いつの間にか、急にSFがUFO嫌いになってしまった。

---

**福島正実**
日本最初のSF専門誌『SFマガジン』の初代編集長。国内でのSF作家育成にとどまらず、クラーク、ハインライン、ラインスターら数多くの海外SFを翻訳し、国内で紹介しつづけた。

**南山宏**
→P138参照

**『タイムトラベラー』**
72年よりスタートしたNHK少年ドラマシリーズ第1作。原作は、その後、幾度となく映像化された筒井康隆の『時をかける少女』。主演は島田淳子、木下清。同年、『続タイムトラベラー』も製作された。

**うつろ舟**
夷（異人）を乗せて漂着する舟のこと。全国各地にさまざまな形の伝承、伝説として残っている。澁澤龍彦によって小説化された。

**皆神** 「どっちが高級か」みたいな話になっちゃったのかね。「おれたちはあんなに下卑てないぞ」と。本当はきっと目くそ鼻くそなんだけど（笑）。レイモンド・パーマーもそうだよね。SF雑誌を作っていても売れないから、UFOを持ち込むことによってバーッと売れた。

**志水** 「シェイバー・ミステリー」を持ち込んだんだよね。

**皆神** でも、そのときSFファンから総スカンをくらってしまった。でも、一般の人々へのツカミとして、UFOネタというのは有効だったんだけどね。コアなSFファンはともかくとして、当時の人々にはSFとUFOは区別がついていなかったんじゃないかな。

**志水** アイザック・アジモフだって、しきりに「UFOとSFは違う」と言ってたかられ（笑）。

**山本** そうそう。アジモフは「あなたは空飛ぶ円盤を信じていますか？」と聞かれて「じゃあ君は、童話作家はウサギが口をきくと信じているとでもいうのかね」と答えたという（笑）。

**志水** そんなわけで、SFとUFOは別々になっていったんだ。

## ◆SFとUFOの微妙な関係

「シェイバー・ミステリー」
溶接工リチャード・S・シェイバーの、『Amazing Stories』誌への投稿を同誌の編集者だったレイ・パーマーが取り上げて大きく膨らまし、当時のSF界を席巻する話題作となった。地底には別世界が存在し、ここにいるデロという邪悪な存在が地上に向かってテレパシーと超科学による秘密の光線を発射し、地上を混乱に陥れている、という話。何千もの読者から「自分もデロの声を聞いた」という投書が殺到したという。シェイバー自身は実話だと主張しつづけた。

**志水** 山本さんのUFOへの入り口はどうだったの？

**山本** 僕は入り口が特撮だったの。『ウルトラQ』や『アウターリミッツ』から入っているから、もうごちゃ混ぜ。僕が初めて読んだ『SFマガジン』は、まだ森優（もり・まさる）、つまり南山宏さんがまだ二代目編集長を務めてた頃でね。だから、まだ微妙にそういうものを引きずっていた時代だった。72年頃かな。73年夏の増刊号では、オカルト・エッセイ特集なんてのもあって、アイバン・T・サンダースンのエッセイなんかが載ってた。南山さんが編集長をやめたのは、そのちょっと後。

**志水** 南山さんは、UFOやオカルト的なものに対して「そんなに嫌わなくてもいいじゃん」というスタンスの人だったね。

**山本** で、編集長をやめた南山さんが、75年にチャールズ・バーリッツの『謎のバミューダ海域』（徳間書店）で大ヒットを飛ばすんだ（笑）。あれは140万部売れたんだそうだけど。そんなに売れた、と聞けば、それはSFの人なんかやってられないよね（笑）。うらやましいよなぁ、という。もう、オカルトブームの真っ最中ね。南山さんはSFの翻訳もたくさんしてるけど、百何十万部も売れた本なんてひとつもない。

**志水** ずいぶん名作も翻訳しているんだけどね。

**皆神** 売れたのはずっと後の『X-ファイル』（角川書店）ぐらいじゃないかな？

**志水** オカルトの知識があって、SFをちゃんと翻訳できる人なんて、南山さんぐらいだからね。

『謎のバミューダ海域』チャールズ・バーリッツ著、南山宏訳。75年刊。アメリカでは6カ月間、ベストセラーリストの上位に入り続け、日本でも同じくベストセラーになった。

## 全部信じてました!?　我々はいかにUFOにのめりこんでいったのか

**皆神** 幅広く人々に受けるのは、やっぱりオカルトが入っているものなんだよ。

**山本** そういえば、ローレンス・D・クシュの『魔の三角海域』（角川書店）は、『SFマガジン』初代編集長の福島正実さんが翻訳してるんだよね。この本のあとがきを読むと、南山さんに対する皮肉がちょっと混じってる（笑）。「最近はこのようなものが流行してて気に食わない」みたいなことを書いてて。

**志水** 自分も大陸書房からバミューダものの翻訳本を出しているのにね。

**山本** でも、それが一般に受け入れられるようになってくると、今度は福島さんのほうが嫌がりはじめるようになる。福島さんによれば、超常現象とか超古代文明というのは少数派の意見だからいいんであって、それが多数派にもてはやされると「ポンチ絵になりさがる」っていうの。ともかく、『謎のバミューダ海域』を南山さんが訳して、それに対する反論本を福島さんが訳している、という図式は非常に面白いですね（笑）。

**志水** ただ、福島さんは、編集者としてはスキャンダル的な記事を採用するのが、あまり好きじゃない。

**山本** 福島さんはかなり戦略的な人で、さっき皆神さんが言ったように、読者をひきつけるためにUFOの記事を使ってただけで。

**志水** 中岡（俊哉）さんもけっこう創作交じりの記事が多かったんだけど、あえて採用したりしているんだよ。

**皆神** オカルト派といっても、よく見るとスペクトルが違うの。南山さんもオカルト

---

**『魔の三角海域』**
ローレンス・D・クシュ著、福島正実訳。75年刊。元アリゾナ州立図書館長であるクシュが、徹底的な調査によって明快に「バミューダ・トライアングルの謎」を解き明かした本。しかし、『謎のバミューダ海域』ほどは売れなかった。

**中岡俊哉**
超常現象研究家、ノンフィクションライター。『世界の怪獣』『円盤と宇宙人』など、著書は400冊を越える。60年代末から超常現象、オカルト関係の書籍、雑誌などで活躍をはじめ、『恐怖の心霊写真集』などを刊行し、その後の「心霊写真ブーム」を巻き起こした。

第4章◎全部信じてました⁉　我々はいかにUFOにのめりこんでいったのか

で、矢追さんもオカルトなんだけど、南山さんは我々から見ればそれほど悪人というわけではない。結果的に書いている内容が間違っているということはあるんだけど、それはもともとデタラメな内容の海外の記事を翻訳しているだけなんだから（笑）。矢追さんになると、自分自身による創作なデタラメが入ってきている。

**山本**　チャートを作りましょう（笑）。

**志水**　上下が本気度で、左右が信頼度かな？

**皆神**　矢追さんは信頼度は限りなく低いけど、本気度も微妙だね。時代ごとに揺れ動いているから。最近はきわめて本気度が低い。並木さんも、裏の顔と表の顔がある。商売度でもいいかもしれないけど（笑）。

**山本**　高斎正さんが書いたSF小説で、「円盤がいっぱい」って覚えてる？　UFOが写るカメラを手に入れた主人公が、それをSF大会に持っていくの（笑）。みんなの頭の上にいろいろなUFOが写るんだけど、実はそのカメラはUFOが写るカメラだったんじゃなく、みんなの思考の中にあるUFOのイメージを写すカメラだった（笑）。『SFマガジン』の75年2月号に載った作品だけど、当時のSF関係者が変名でどんどん出てくるの。南山さんだったら、「北川さん」になってたり（笑）。いわゆる楽屋落ちですね。「あの人はもう円盤を信じていないんでしょ？」「いや、みんながいじめるからそう言っているだけで、本当はまだ信じてるんだよ」という会話があったりする（笑）。

**高斎正**
作家、自動車ジャーナリスト。70年代初頭より男性雑誌にて自動車関係の記事を執筆する傍ら、『SFマガジン』『SFアドベンチャー』などでSF小説を発表する。自動車関係の著書多数。

全部信じてました!?　我々はいかにUFOにのめりこんでいったのか

**皆神** 僕はSFをやっていなかったんだけど、まともにSFをやっていた人からしてみれば、UFOなんか自分たちから転げ落ちていった、落ちこぼれみたいな存在のくせに、どんどん大きくなりやがって、という感じだったんじゃなかったのかな。忸怩たる思いがあったと思うよ。

**志水** 実は隣の芝生が青く見えるだけで、お互いにそう思っていたりして（笑）。

## 山本弘、衝撃の告白！

**皆神** 山本さんは入り口はごちゃ混ぜだったわけだけど、その後はやはり頭の中で分かれていったの？

**山本** んー……。はっきり言って、昔は全部信じてた（笑）。だんだん信じなくなっていったのは70年代後半かな。『未知との遭遇』あたりでは、もうかなり覚めていたと思う。そうそう、当時はテレビでも「超古代文明の謎」みたいな特番をたくさん放送していて、（エーリッヒ・フォン・）デニケンがブームだったの。

**志水** アメリカから番組を買ってきて、それを放映していたんだよね。

**皆神** デニケンは日本にも何回か調査に来ていたんだよ。明日香の酒船石を調べてみたり。今はスイスで自分の遊園地を作って悠々自適らしいよ。

**山本** え？　スイスで何をしてるの？

エーリッヒ・フォン・デニケン
→P136参照

第4章◎全部信じてました!?　我々はいかにUFOにのめりこんでいったのか

これがデニケンランドだ！（そしてこの人はもちろんデニケン）

**皆神**　山の中に自分のディズニーランドみたいなものを作ったらしい。自分の理想の国だね。パビリオンを何棟も作って公開してるの。

**山本**　デニケンランドだ！（笑）

**皆神**　絶対に潰れると言われていたんだけど、まだ保っているみたいで。お金は全部そこにつぎ込んだみたいだよ。

**山本**　熱海あたりによくあるよね、そういうもの（笑）。

**志水**　温泉地は風呂に入るしかすることがないからね。そういう施設が流行ったりするんだ（笑）。

**山本**　いい話だなぁ。

**皆神** 山本さんの話に戻ろう（笑）。本当に全部信じてたの？

**山本** うん。全部信じてたね。子供の頃……といっても、もう高校生ぐらいになっていたかな？ 超古代文明も、UFOも、超能力も、全部信じてた。それがだんだん年をとるにつれて、「怪しいな」と（笑）。

**皆神** みんなそうだよ、みんな。

**志水** 僕も81年ぐらいまでは完全に信じていたね。南山さんが翻訳していた本を読むと、もうそれはあるとしか思えないじゃない。

**皆神** そうそう。南山さんの本は、いろいろなデータを入れて、しっかり書いてあるから。普通の人がそのまま読んだら、「おかしい……かな？」と感じることはあるかもしれないけど、どこがおかしいかなんて指摘はできないからね。まだ日本に入ってくる情報も少ない頃だったし。

**志水** でも、だんだん否定派もいるらしい、ということがわかってくるんだよ。メンゼルや、今ならフィリップ・J・クラスみたいな人もいるわけだし。並木さんに頼んで、向こうから本を取り寄せてもらったりして。ただ、否定派の本を読めば、「あ、こういう言い分があるんだな」と思うわけだけど、その言い分にも納得できない部分がある。それなら、と思って、荒井（欣一）さんと私が共著で出した本（『UFOと異星人の謎』池田書店）は否定派の言い分も紹介して、「ここは納得できません」という部分も入れたんだよ。ただ事件を紹介するだけの本なら、南山さんがずっとやってきて

**荒井欣一**
→P136参照

山本 あの荒井さんとの共著の本、ぜんぜん手に入らないんですよ。図書館で1回だけ見かけたんだけど、それからずっと探しているのにまったく見つからない。

志水 あ、そう？（笑）　ヤフオクで見つけたら1冊押さえておきますよ。

皆神 なかなか手に入らない幻のUFO本、というのもあるね。僕は『UFO超地球人説』（早川書房）がどうしても手に入らない。

山本 あ、キールの！　この前、ようやく手に入れた！　偶然入った古本屋で偶然見つけたの。

志水 南山さんが翻訳した本とか、できれば新訳で文庫とかで出版してほしいよね。

山本 『モスマンの黙示』は『プロフェシー』（ソニーマガジンズ）という題で新訳が出たのにね。あれは映画が公開されたからしょうがないのか。昔の本で、もう手に入らないものはいっぱいありますからね。

『UFO超地球人説』
76年に刊行されたキールの代表作。

## 皆神龍太郎、いきなりサイコップ入り！

皆神 僕はSFの基盤がまったくなかったんだよ。ユリ・ゲラーが来日したときは中学生だったんだけど、その頃はまだテレビを見ながらスプーンを持って、「曲がらない、曲がらない」とやっていた（笑）。

ユリ・ゲラー
→第8章参照

志水　まさかそこに映っていた人と、後にこうして鼎談することになろうとは思わずに（笑）。

皆神　だから、中学生のときはまだ信じてたの。高校生になると、今度は受験とかがあるから空白地帯になるんだよ。それから大学に入って……空白が長かったね。本格的にUFOのことを調べはじめるのは88年か89年頃。理工系の大学にいたから、UFOについて興味はあったんだけど、基本的には大槻（義彦）教授のように「あるわけないだろ」と思っていたわけ。

山本　うんうん。わりと一般的な道筋ですね。

皆神　ところが調べてみると、UFOに関して、非常に緻密なデータがあるんだよ。そこにすごくギャップを感じていた。データを素直に読んでいけば、あるとしか思えない。かといって、逆に否定しようと思うと大槻さんみたいに頭の中で考えただけという感じの大雑把ないい加減なことしか語れない。データにはデータを持って批判を仕返すような骨太な方法はないものかと「うーん」と思っていたその頃、アメリカに仕事で行っていた友達からダンボール箱ひとつ分の本が送られてきた。「お前が好きそうな本があったから」って（笑）。

志水　いい友達だ！（笑）

皆神　その中に2冊、「サイコップ」の機関誌が入っていたんだよ。生まれて初めて見た雑誌なんだけど、読んでみると凄い！（笑）　正確なデータを使って、UFOに関

**大槻義彦**
理学博士、早稲田大学名誉教授。火の玉（プラズマ）の物理学的研究の第一人者。90年、電波で火の玉を作ることに世界で初めて成功。テレビへの出演も多く、超自然現象や超能力を徹底的に批判する。94年、と学会より日本トンデモ本大賞特別賞を授賞される。

**サイコップ**
CSICOP (Committee for the Scientific Investigation of Claims of the Paranormal)。1976年に結成された、アメリカの疑似科学批判団体。オフィシャルサイト
http://www.csicop.org/

## 第4章◎全部信じてました!? 我々はいかにUFOにのめりこんでいったのか

する諸説をバッサバッサと切って矛盾点を鋭く指摘していっているのね。「ああ、こういうスタンスがあるのか!」と、そのとき初めて知ったの。

**山本** いきなりサイコップ!

**皆神** そうそう。もうバリバリですね(笑)。

**山本** そうそう。そこで、機関誌の裏に書いてあった住所宛に「バックナンバーがあったら全部送ってくれ」と手紙を書いて(笑)。そこからダダダッと読み込んで、「なんだやっぱり全部嘘じゃん!」と(笑)。

**皆神** 目覚めてしまったんだ(笑)。

**山本** しばらくしてからサイコップから連絡があったの。「今、いろいろな国に支部を作っているのだが、お前も日本に作らないか?」って。そこからジャパン・スケプティクスができて、そこに大槻教授も入ってきて、今に至るわけなんだ。

**皆神** 皆神さんも、SF小説は読んでいなかったにせよ、子供の頃にはUFOについての本やテレビ番組を見聞きしていたわけででしょ? 蓄積はあったと思うよ。ただ、みんながそう言ってるからって、すぐにバンドワゴンに乗り込むほど善人でもなかった(笑)。「絶対おかしい」とは思っていたんだけど、でもどうすれば「おかしい」とということが詭弁ではなくて言えるのかがわからなかったんだ。その手法と視点を与えてくれたのがまさにサイコップだった。それこそ、目からウロコが落ちたね。まだ日本では他に活動している人もいなかった

---

**ジャパン・スケプティクス**
サイコップをモデルとして創設された、日本の疑似科学批判団体。現在の会長は立命館大学の安斎育郎教授。イラストレーターの安斎肇氏は甥にあたる。

から、自分がやってみようかな、と。その頃、志水さんと知り合うんだよね。

**志水** そんな頃だったっけ？

**皆神** 池袋かどこかに呼び出したんだよ。例によって志水さんは遅刻してきたんだけどね（笑）。タレントのサイン会か何かがあって、それを見ていて遅くなったんだよ、この人（笑）。

**志水** それはさておき（笑）。サイコップの日本の会員のリストが来てたんだよね。それを見せてもらった記憶がある。そんな名簿が来ているぐらいだから、信頼できると思って（笑）。

**皆神** 果たして信頼できる人間だったのかどうか？（笑）

## ● 恋とオカルト、コックリさん

**山本** それにしても、70年代のオカルトブームはすごかったよね。テレビや少年向け雑誌にはUFOやオカルト満載だったわけだから。

**志水** ユリ・ゲラーのスプーン曲げ特番を見ると、私は後ろにいるからね（笑）。

**皆神** スタジオ観覧に行ってたんだ？（笑）

**志水** 今でも当時のビデオが放送されることがあるけど、ちゃんと写ってるよ。あと、その前にコックリさんを『11PM』で紹介した（笑）。

皆神　ええっ！（笑）

志水　学生の頃だったんだけど、当時はＳＦファンの間でコックリさんが流行っていて。

山本　本当に⁉　それは知らない！（笑）

志水　当時、渋谷にあったノーブルという喫茶店によく集まっていたんだけど、そこで憲章さんや他の人たちと一緒にコックリさんをやってたの。

山本　池田憲章さんと！（笑）

志水　そのグループに好きな女性がいたんだよ。もうベタ惚れだったの。それで私は通うことになったんだ。牛に引かれて善光寺参り（笑）。

皆神　ここは活字を大きめにしておこう（笑）。

志水　彼女はコックリさんが上手だったんだよ。その彼女たちと一緒に『11ＰＭ』に出たの。当時、コックリさんの歴史とかをいろいろ調べて同人誌にまとめておいたのを、斎藤守弘さんがご覧になって、紹介してくださったらしい。

山本　いや、すごい話だ（笑）。でも、当時だったらよかったかもしれないけど、今、「コックリさんの上手い彼女」ってイヤだよね（笑）。

皆神　そもそも、コックリさんの上手い下手はどこでわかるんだろう（笑）。コインを動かすスピードが物凄く速いとか？

志水　彼女はお婆さんが霊能者だったんだよ。

**池田憲章**
55年生。ライター、編集者。特撮、アニメ、海外ドラマなどに造詣が深い。

**斎藤守弘**
60年代から70年代にかけて「前衛科学評論家」の肩書きで、怪奇実話の紹介者として『ＵＦＯと宇宙』などのオカルト誌はもとより、科学誌、ＳＦ誌、漫画雑誌、学習雑誌など多岐にわたって活躍する。著書に『世界の奇談』『神秘の世界』『ミステリの科学』『奇現象の科学』など。

**山本** ああ、なるほど。志水さんは、信じていたわけではないけど、彼女のためにコックリさんを一緒にやってたの?

**志水** いや、それが彼女のコックリさんはよく当たったんだ。ただ、僕がいるときは当たらない(笑)。

**山本** 超能力者のパターンじゃないか(笑)。山羊—羊効果だ。

**志水** ただね、後になって飛行機事故のこととか、三島由紀夫の遺骨が盗まれた事件があったんだけど、そのことも当てていたそうなんだよ。

**皆神** 高校生だった志水さんは、コックリさんをしながら同じオカルトの範疇として、UFOにも関心が出てきたと?

**志水** UFOについては、並木さんの影響が大きいね。それまでも関心はあったんだけど、並木さんがやっていた「奇現象研究同好会ヴィマナ」という超常現象研究会に入って、その後、宇宙現象研究会という形で再編するから、という話になって、それでUFOのことも研究するようになったんだ。

**山羊—羊効果**
超能力の実験を例えたもの。超能力の信奉者(羊)の主催した実験では、超能力の存在が証明される結果が出るのに対して、懐疑論者(山羊)が実験すると超能力を否定する結果が出るという。本来は、被験者が信じているかどうかについて言う言葉である。

# UFOも面白いが、UFO研究者たちも面白い！

**山本** 僕らは70年代あたりのオカルトブームの直撃を受けている世代なんだけど、UFOマニアとしては第2世代ぐらいなのかな？

**皆神** 並木さんや南山さんたちが第2世代なんだから、僕たちをあえて呼ぶとしたら第3世代ぐらいなんじゃない？　第1世代は、それこそ1947年の空飛ぶ円盤発生時からリアルタイムで追いかけてきた人たちだから。

**志水** 荒井欣一さんたちの世代だね。

**皆神** ケネス・アーノルドの事件からもう60年近く経ってしまっているわけで、もうみなさんお亡くなりになってしまっているんだけど。その方たちに薫陶を受けていたのが、南山さんや並木さん。志水さんも、完全にその弟子筋だよね。

**志水** そうそう。荒井さんがいて、その会の若手会員が斎藤守弘さんだったりするの。並木さんの会の顧問に荒井さんと南山さんがなって。若い人から見ると、南山さんと

本稿のタイトルに「UFO研究者」とありますが、ここでひとつ、留意しなければいけないことがあります。それは日本に「UFOライター」はいても、「UFO研究者」と呼べる人はほとんどいないということです。

ライターというのは、読者の関心を引っ張るだけ引っ張って読ませる文章を書ける人のことであり、一方研究者とは、その分野についての真偽をちゃんと判定し批判できる人でなくてはなりません。コツコツと地

並木さんはあまり離れていないように見えるけど、ちょっと世代が違う。僕らは、なんのかんの南山さんの本を読んで育った世代なんだ。

**山本** だから僕なんか、『少年マガジン』もそうなんだけど、南山さんの影響下にあるんだよ。あの当時の子供向けのUFO情報は、ほとんど南山さんから発信されていたわけだから。

**志水** 『少年キング』もそうでしたね。南山さんが書いたもの以外は、けっこう創作が入っていたりするんだけど、それを見て南山さんが「あの人は創作するからイカン」と怒っていたり(笑)。

**皆神** 南山さんは創作しないけど、他人が創作したものをそのまま翻訳してしまう(笑)。「オレは創作していない」と言われたら、たしかに間違いではないんだね。子供の頃は、南山宏も中岡俊哉も区別はついていなかったけど(笑)。今見ると、中岡俊哉はすごいよ。ほとんど創作(笑)。

**山本** そのあたりが中岡さんあたりと違うところなんだね。

**志水** 中岡さんの話で凄かったのは、お金持ちと結婚するために恋人を殺してしまった男の話(祥伝社『タナトロギー入門』旧版)。そいつがレストランにいると、殺した女の亡霊が現れる。あわてて男は車に乗って逃げるんだけど、ふとバックミラーを見ると、血まみれになった彼女が写っている。彼は驚いて車の運転を誤り、そのまま事故を起こして死んでしまうんだよ。……なんでバックミラーに幽霊が写っていたこと

道の研究を続けている世に知られぬ研究者の方がいることにはいますが、日本のUFO業界の著名人の中で本当に研究者に近かったといえるのは、大阪の高梨さんくらいだったのではないでしょうか。高梨さんは本職がスパンコールを扱う貿易商だったので、別にUFOで喰っていく必要はなかった。だから、矢追さんがUFO特番でデタラメな情報を流すごとに、日テレに抗議文を送っていました。高梨さんは心底UFOを愛していたので、すでに間違いとわかっている事件をさも本当のようにテレビで流されるという屈辱を許せなかったのだと思います。

UFO研究者としてマスコミによく出ている残りの方々は、研究者というよりは、どんなUFO事件でも肯定的に書いてしまう職業ライターに近い人々と思います。だってUFOの95％

第5章◎UFOも面白いが研究者も面白い！

山本 その伝統はテレビに受け継がれてるよ。『ここがヘンだぞ日本人』だったかな？ 呪いにかかった一家の話があって、お父さんが寝ていると突然、顔の上に女の幽霊がのしかかってきたんだよ。お父さんが悲鳴をあげて。朝になって家族がやってくるんだけど、そのときにはもうお父さんは息絶えてしまっていた。ちょっと待てよ、目撃者も証言者もいないのに、どうしてお父さんの上に幽霊が来たってわかったんだよ！

を中岡さんは知ってるの？（笑） 唯一の目撃者は死んでしまっているのに（笑）。

志水 超能力！（笑）

皆神 そこで矛盾に気がついてしまう人は、そこから先には行けないよね（笑）。「本当にこんなことがあるんだ！」と思わないと。メン・イン・ブラックの話でもあるよ。メン・イン・ブラックが目撃者を殴り倒して気絶させてしまっているんだけど、なぜかその後のメン・イン・ブラックの行動が語られている（笑）。どうして気絶しているのにその後のことがわかるんだよ！

志水 同じことが例のクーパー証言にもあったね。

◆「雨の中、ご苦労さん」と宇宙人に言われた！

山本 そういえば、『三大怪獣 地球最大の決戦』（64年）の中で、宇宙人と電波で交

は、見間違いというのはほぼ確定された事実ですから。日本の著名なUFO研究者のなかで、どんなUFO事件でもいいですから、否定的記事を書いたことがあるという方は、どのくらいいるのでしょうか？（そりゃ、数回くらいはあるでしょう。でも間違っているUFO事件は全体の95%にものぼっているんですよ）

喰うために肯定的な話ししか書かないUFOライターに、『ムー』みたいに、とにかく何でも本当でスゴイ！という記事しか載せない専門雑誌。この2者ではとんど全てという日本のUFO界のゆがんだ構造が、いつまでたっても日本人の誰もがまっとうなUFO観を持てないようにしている元凶のひとつだと思うんですが、どうでしょうか？

（皆神龍太郎）

UFOも面白いが研究者も面白い！

信しようとしているんだよね。あの当時、宇宙人とは通信機で話せるものだ、と思われていたんだ。

**志水** アメリカで、宇宙人からの信号を聞くために、あらゆるラジオを1時間だけ止める、ということをやったことがあるぐらいだからね。あと、「宇宙交信機」というのもあったね。

**山本** 橋本健さんの？

**志水** 橋本さんのは、アメリカで考案されたものの複製。赤外線で受けた情報をFMにして、そのFMを拾って宇宙人の声を聞く、という。隣の山からFMの電波を出していた、という噂もあるけど（笑）。

**皆神** モールス信号で宇宙人と交信というのもあった。

**志水** 荒井さんたちとCBAが一度だけ合同で観測会をやって、そのとき宇宙交信機も試したんだよね。折悪しく雨だったんですけど、「雨の中、長い間ご苦労さま」という声が聞こえたらしくて（笑）。

**山本** あ、それ知ってる。

**志水** それで柴野拓美さんに聞いたら「聞こえた、と言っていたのはみんなCBAの人たちで、我々には何も聞こえな

CBAの会誌『空飛ぶ円盤ダイジェスト』

**メン・イン・ブラック**
「黒衣の男」とも呼ばれる。UFOや宇宙人などの目撃者・研究者の前に現れ、警告や脅迫などさまざまな圧力をかけたり、妨害を行うとされる謎の存在。喪服のような黒いスーツに黒いソフト帽を着用し、2人あるいは3人組で目撃される。ここからアイディアを採った映画『MIB』が有名。

『三大怪獣／地球最大の決戦』
→P88参照

**橋本健**
東京大学電気工学科在籍時より、超心理学・超物理学の研究に没頭。心理学実験器、念力測定器などを開発、発表して話題を呼んだ。著書に『植物とお話しする法――話す、喜ぶ、怒る。すねる、ねたむ……草花の持つ不思議で楽しい能力』など。日本超科学会代表。

かった」と。本当に「空耳アワー」の世界(笑)。

山本 昔、『たけし・さんまの超偉人伝説』という番組で、橋本さんが「雨の中、ご苦労さまです」と聞こえたという話をしてたな(笑)。

志水 橋本さんは、CBAにも荒井さんの会にも参加されていたんですけどね。

皆神 元祖「耳袋」に出てくる人語を解する猫の話みたいない話だね(笑)。しゃべったのが見つかってしまい、その猫が捕まるんだけど、「しゃべってなんかいないやい」とその猫がつぶやくと驚いて手を離してしまい、猫はまんまと逃げおおせるというおう話(笑)。

山本 でも、『三大怪獣 地上最大の決戦』に出てくる描写は、本当に当時の日本におけるUFO同好会の姿だったんだよね。

志水 そうそう。映画が公開される5年ぐらい前の状況にあてはまるの。「自称・金星人」という人も、本当に酒井さんという男性音楽家の人がいて、「そのうち私は帰らなければいけない」と言ったそうなんだけど、それを聞いた星新一さんが「じゃ、俺も連れていけ」って(笑)。でも、荒井さんによると、何年か後に週刊誌があの頃の「自称・宇宙人」みたいな人たちを特集しようとして調べたら、けっこう病院に入っている人が多かったんだって(笑)。

皆神 病院といっても、「体」を悪くしたわけではないんだよね(笑)。

志水 ちょうどブームだったから、いろんな人が宇宙人に会ったり、宇宙に行ったり

**柴野拓美**
筆名、小隅黎。日本SF界草分けのひとりであるSF作家、翻訳家、研究家。1957年、荒井欣一が創設した日本空飛ぶ円盤研究会(JFSA)での活動を経て、星新一らと日本最初のSF同人誌『宇宙塵』を創刊。70年ごろより本格的なプロ活動に入り、翻訳、研究を次々発表。創作はジュヴナイル『超人間プラスX』『月ジェット作戦』『北極シティの反乱』ほか。翻訳に、H・クレメント『超惑星への使命』、A・ノートン『大宇宙の墓場』、L・ニーヴン『リングワールド』、J・マックフィー『原爆は誰でも作れる』など多数。

山本　してるんです。永井さんという人とか。安井さんは有名だよね。安井さんは日本最初のコンタクティーということになってるの?

志水　いや、その前に、松村雄亮さんという方がいるんだよ。あとは宇宙人と交信した湯丘さんという人とか。奥さんを亡くして、悲しみながら毎日拝んでいるうちに、奥さんと交信できるようになって、宇宙人とも交信できるようになったという話で。

山本　それは霊じゃないの?(笑)

志水　宇宙人なんだって。高梨さんが会いに行ったら「ピピー、ピーピー」と口で唱えながら両手の人差し指を頭の上に立てて交信をはじめたという(笑)。

### 長男はUFOにハマりやすい?

皆神　そういえば清家(新一)さんはどうしているんだろう。まだご健在なのかな?

志水　清家さんの息子さんは非常に真面目な方なんだよね。

皆神　ずっと前に東大を出たんだよね。『サンデー毎日』の東大合格者発表に「清家王尊」と書いてあったのを見たよ。「王尊」という名前の人はなかなかいないから、すぐにわかった。

山本　本当に「王尊」という名前なんだ! デマかと思ってたよ。

志水　アダムスキーが会ったという宇宙人のニックネーム「オーソン」から採ってる

**松村雄亮**
コンタクト系UFO団体、CBA(宇宙友好協会)の中心人物のひとり。CBAの代表を務め、後に最高顧問となった。

# 第5章◎UFOも面白いが研究者も面白い！

家新一、志水一夫、深野一幸……あっ、コンノ・ケンイチもそうか。

**皆神** みんな長男とか？

**山本** 長男はUFOにハマりやすい？

**皆神** 長男の財力がないと続かないからかな？

**山本** そうかもしれない（笑）。それにしても、もうUFO研究家の第一世代っているのは柴野拓美さんぐらいだから、今のうちに柴野さんに話を聞いておいたほうがいいだろうね。

**皆神** 柴野さんをUFO第一世代と呼ぶのは、本人がどう思うかわからないけど、あの時代から関わっていて生き残っているのはあの人だけだもんね。

**志水** あとは斎藤守弘さんかな。

ガシャドクロ

んだよね。

**皆神** いや、本当なの。清家さんが回りに配った「息子が東大に合格しました」というハガキをもらったから。今度、あげるよ（笑）。

**志水** 素晴らしい！

**山本** 昔から不思議だったんだけど、なぜ日本のUFO界には名前に「一」がつく人が多いんだろう？（笑）矢追純一、高梨純一、荒井欣一、清

---

**深野一幸** 工学博士。宇宙エネルギー研究、ニューサイエンス研究の第一人者とされる。著書に『宇宙エネルギーの超革命』『波動の超革命』『宇宙エネルギーが導く文明の超転換』『アガスティアの葉とサババの奇蹟』などがある。01年逝去。

**コンノ・ケンイチ** サイエンスライター。著書多数。『UFO大予言 ファチマ預言に隠された驚異の真相』『月は神々の前哨基地だった』『ケネディ暗殺とUFO』『UFOはこうして飛んでいる！』『世界はここまで騙された』など、著書多数。

UFOも面白いが研究者も面白い！

**皆神** ああ、そうだね。

**志水** 『宇宙塵』は柴野さんと星さんと斎藤さんで作ったわけだもんね。

**山本** 斎藤守弘さんはガシャドクロも作った人だよ（笑）。

**志水** 創作妖怪（笑）。

**皆神** 大阪の高梨純一さんはUFOの嘘への弾劾は非常に厳しいんだけど、その一方で占いを信じていて、好きだったんだよね。

**志水** そうそう。荒井さんのところで一緒に話をしているときも、「志水君は何年生まれ？」と聞かれて「一白水星です」と答えると「一白水星かぁ。うーん」と考え込んじゃったり（笑）。

**皆神** 「ボクと皆神さんの気が合うのも戌年生まれのせいなのかも」と言われたりもしたよ（笑）。

**山本** そういえば、ずっと前に柴野さんから手紙をいただいたんだけど、その中に「血液型性格判断を悪く言わないでくれ」と書いてあって（笑）。

**志水** あ、それはね、柴野さんは能見正比古さんと非常に仲がよかったからだよ。金沢出身で同郷なの。喫茶店ノーブルで僕らがよく集まっていたときに、能見さんを招いて柴野さんたちとお話をうかがったこともあったし、「SFクリスマス」というイベントで講演していただいたこともあった。

**山本** だからSF界に血液型の話がよく出てくるのかな？

**宇宙塵**
1957年創刊の、日本最古のSF同人誌。小松左京、筒井康隆、光瀬龍など錚々たる顔ぶれが作品を発表してきた。現在も刊行中。

**能見正比古**
血液型と気質とを統計的に関係付ける「血液型人間学」の提唱者として知られる。東京大学工学部を卒業した後、同大法学部在学中に放送作家としての活動を始め、出版社勤務を経て独立。血液型と気質との因果関係の研究で知られた古川竹二の生徒であった姉の幽香里の影響を受け、自ら血液型と気質についての研究を始める。81年逝去。

119

志水 「SF作家にA型はいない」と言われていたこともあるんじゃないかな。実は小松左京さんがA型だったんだけど。それにその後、A型の作家がいっぱいデビューしてる。

皆神 それにしても、UFO界も超常現象界も、人脈は横につながっているんだね。

志水 すごく狭い世界だからねぇ。

## ● アイバン・T・サンダースンはすごい！

皆神 海外のUFO研究家たちのことも語らないといけないね。

志水 アイバン・T・サンダースンとか。

山本 そうだ！ サンダースンの話をしたかったんだ！ だって、アイバン・T・サンダースンほど面白いヤツはいないよ!?（笑） あいつ、アフリカで翼手竜に襲われてるんだよ！（笑） タイムスリップしたことがある、とも言ってるし。

志水 まわりの空気が揺らいで、別の風景が見えた、って話だよね。

山本 そうそう。ハイチに旅行したとき、夜道を歩いてたら、急に15世紀のパリの街並みが見えた、って言ってるの。いっしょにいた奥さんも見たらしいんだけどね。サンダースンにはもうひとつ、恐竜みたいな生物が湖の中に入っていく姿を見た、という目撃談もあるんだよ。だから、サンダースンは人類としてただ一人、翼竜も恐竜も

**アイバン・T・サンダースン**
アメリカの動物学者にして、超常現象研究家。73年逝去。

UFOも面白いが研究者も面白い！

**皆神** 目撃して、タイムスリップまで体験した人物なの（笑）。すごいですよ！

**志水** やりすぎ（笑）。

**山本** もともとはまともな動物学者だったんだよね。

**皆神** でも、マーチン・ガードナーの『奇妙な論理』によれば、「ゴリラは人間が退化した生物だ」と言ってたらしいじゃない（笑）。

**志水** 研究者から超常系に移った人って、途中からどんどんおかしくなったりするからね。

**山本** サンダースンは最初は雪男とかあのへんにハマって、どんどんあっちに行っちゃったんだよね。

**皆神** 他にもサンダースンはいろいろ変な説を唱えているんだよ。バミューダ・トライアングルの話とか、UFOは空気中で分解する、という説とか。あのフラットウッズ事件でUFOが消えてなくなったのは、地球の大気に長いこと触れていて蒸発しちゃったからだ、って言ってるの。ドライアイスか何かでできてたのかな（笑）。あと、USO（未確認水中物体）というものがある、とも唱えてる。宇宙人は水の中に隠れている、って説。

**山本** たぶん、それは『謎の円盤UFO』の元ネタなんじゃないかと思うんだよ（笑）。あの番組の中にそういう設定が出てくるでしょ？ UFOは空気中で長い間活動でき

→P4参照 フラットウッズ事件

第5章◎UFOも面白いが研究者も面白い！

コンガマトーを描いたスケッチ

志水 あの人はいろいろな新語を作るのが好きだったんだよ。そのなかでもいちばん残っている言葉がオーパーツだと思う。

山本 サンダースンの説をズラッと並べるだけでも楽しいかもしれない。

志水 昔からみんなが知っているようなものに名前を与えているんだよね。

山本 案外、コンガマトーとかもサンダースンの命名じゃないのかな？（笑）本当にアフリカにそんな伝説があるのか（笑）。

皆神 アフリカのガシャドクロかもしれない（笑）。

ないから水の中に隠れてるという。だから、サンダースンの影響は、実は大きいんじゃないかと思ってるんだ。でもやっぱり僕らの世代だと、アフリカの翼竜 "コンガマトー" にすごく興奮したなあ（笑）。

志水 サンダースンが今、いちばん有名になっているのは、オーパーツの名付け親として、だよね。

山本 ああ、オーパーツね！ コロンビアの黄金飛行機とか、メキシコのブルドーザーとか、あいつが言い出したんだ。

**オーパーツ**
「場違いな工芸品」という意味。「ナスカの地上絵」「水晶ドクロ」「ピリ・レイスの地図」など、なぜそのようなものが存在するのか、またどのようにして作ったのか、といったことがいまだに解明されていないような品物・遺跡のこと。未知の超古代文明や異星人来訪の証拠とされることがある。「Out Of Place Artifacts」の頭文字をつなげたものだが、オーパーツという言葉を作ったアイヴァン・T・サンダーソンは「OOPTH, Out Of Place Thing」という呼び名を提唱していた。

## 君はドラゴン・トライアングルを知っているか？

**山本** アイバン・T・サンダースンの唱えた説といえば、日本の近くにあるという「ドラゴン・トライアングル」（笑）。地球にはバミューダ・トライアングルのような謎の海域が12カ所もあって、日本の近くにあるのがドラゴン・トライアングルなんだよね。なぜ12かというと、地中海の西とか、アフガニスタンとかでも飛行機や船の遭難が起きたという話があって、それらはみんな同じ北緯36度線上で、経度が72度ずつ離れてると。これは正20面体の頂点だから、さらに南半球にも南緯36度線上に謎の海域が5つある「はず」だ、と勝手に決めちゃった（笑）。でも、北緯36度というと、バミューダ・トライアングルともずれてるんだよ。だいたい南極点にはアメリカの観測基地があるだろうが！（笑）　3番目の「謎の海域」なんてアルジェリアの海岸地帯だよ！　そんなところでしょっちゅう飛行機の消失事件が起こってるのかよ（笑）。

**志水** ドラゴン・トライアングルは以前からあった話なんだけど、それを世界中12カ所に広げちゃったのがすごい。

**皆神** 日本のドラゴン・トライアングルは、日本人はほとんど知らないかもしれないけど、アメリカではけっこう知られている話らしくて。ディスカバリー・チャンネル

## ◆ナメクジはテレポートする！

**山本** でも、あれはちょっと矢追さんが可哀想だったよ。

**志水** ぜんぜん詳しくない（笑）。バミューダものは、アメリカから番組を買ってきて放映したことはあるみたいだけどね。

**山本** あの番組の中の矢追さん、いやいやコメントしているように見えたよね。いちおう日本でいちばん有名な超常現象研究家として引っ張りだされたんだけど、矢追さんはバミューダ・トライアングルについての番組なんか作ったことないから（笑）。

**皆神** ディスカバリー・チャンネルが番組を作るぐらいドラゴン・トライアングルは有名なんだけど、日本人はだーれも知らない（笑）。

**志水** 違法ではないんだけど、学歴として通用しない学位を発行している「大学」という名前の株式会社のプロフェッサー！

**山本** イオンド大学のね（笑）。

**志水** いちおうプロフェッサーだけどね。

**山本** プロフェッサー・ヤオイ！（笑）

なぜか「教授」という肩書きで現われてた。プロフェッサー・ヤオイ（笑）。

がそれで番組を1本、作ってしまったぐらい。その番組に呼ばれたのが矢追さん（笑）。

UFOも面白いが研究者も面白い！

**山本** しかし、サンダースンのことを思うと、日本ではあまり面白い説を唱える研究家がいないよね。

**皆神** 飛鳥昭雄先生ぐらいかな？　別に面白くもないけど。

**山本** 「ナメクジがテレポートする」という話は斎藤守弘さんが書いてたんだっけ？

**志水** そうそう。でもあれは斎藤さん以外にも見ている人がいるらしいんだ。

**山本** 他にも目撃者がいる、という話だよね。ナメクジが自分の身体を徐々に小さくしていって、別の場所で徐々に身体を大きくする、という。アニメ版の『鉄腕アトム』に「メトロモンスター」という話があったのを覚えてる？　山野浩一が脚本を書いている回なんだけど。

**志水** ああ、ありましたね。

**山本** 地下鉄の中にテレポートする巨大ナメクジが現われる！（笑）　地下鉄の中をテレポートしながらナメクジが逃げ回って行くのを、アトムが追いかけるの。でも、これって「X電車で行こう」じゃない？（笑）

**志水** そうだそうだ（笑）。「X電車」はナメクジだったんだ！　ということは、「X電車」の原案は斎藤守弘さんということになるね。凄いなぁ。

**山本** いや、どっちが先かは検証していないんだけどさ（笑）。

**志水** そうかそうか。年代的には微妙なところなんだ。

**山本** 65年に放映された『アトム』のエピソードなんだよね。山野浩一が「X電車で

**飛鳥昭雄**
漫画家、サイエンスエンターテイナー。『トンデモ本の世界』（小社刊・宝島社文庫）に詳しい。

**山野浩一**
1964年、処女作『X電車で行こう』が同人誌『宇宙塵』掲載され、三島由紀夫等の推薦を受けて『SFマガジン』にてデビュー。また、サンリオSF文庫創刊にあたって、ブレインとして参加。その後は競馬評論に活躍の場を移し、「名馬の血統」などを執筆している。

125

行こう」でデビューしたのがその前の年。でも、斎藤さんもこうやって、たまに変なことを言い出すんだ。

**志水** あの人は話をちょっとずつヒネってつなげるよね。サン・ジェルマン伯爵とうつろ舟とか。

**山本** えーっ（笑）。

**皆神** それをつなげてるの？

**志水** うん。不老不死と言われているサン・ジェルマンは実はタイムトラベラーで、日本に来ていたかもしれない、という（笑）。NHK公認の学説。

**皆神** それなら誰でもいいじゃない！（笑）

**志水** やっぱり不老不死じゃないと（笑）。でも、サン・ジェルマンは結局、ただの頭のいい詐欺師だったという説もあるよね。コリン・ウィルソンがそのことを書いていたけど、元ネタは『魔法　その歴史と正体』（K・セリグマン著、人文書院）という本なの。美術史家が書いている本で、平凡社の世界教養全集に入ってたこともある。

### ◆UFOの元ネタはやっぱりSF？

**山本** そういえば、僕が『宝島30』で連載していた頃、『宇宙人ユミットからの手紙2』（徳間書店）を取り上げたら、訳者から抗議が来たんだよ。星のデータのところで、明

**サン・ジェルマン伯爵**
18世紀初頭、ルイ15世統治下のパリに現れた謎の人物。アレキサンダー大王のバビロニア入場について見てきたように語り、ルイ15世のダイヤモンドの傷を治し、カラス麦と水薬しか食べず、自分は300歳だと語った。また、40年後にパリに現れたときもほとんど容姿が変わらなかったという。1780年前後にドイツで死んだとされているが、その後も目撃報告があとを絶たない。

126

UFOも面白いが研究者も面白い！

るさを「マグニチュード」って書いてあったから、「この訳者は星の等級のことだと知らない」と書いたんだけど、その抗議というのは星の等級をマグニチュードと呼ぶことは初歩的な常識である。訳者も専門家に確認済みであり、それを訳者のミスと言われるのは心外である」。だったら、最初から「等級」って訳せばいいのに！（笑）ほかにも獅子座のことをカタカナで「レオ」と書いてあったり、乙女座を「ヴィルゴ」って書いてたり、ちょっとヘンな訳なんだよね。

志水　翻訳って面白いよね。ときどき、訳者が呑まれてしまうときがある。

皆神　『神々の指紋』（小学館）の大地舜さんとかもね。あのあとはその道一直線。

山本　ヴライク・イオネスクの『ノストラダムス・メッセージ』（角川書店）を訳した竹本忠雄さんとかも、かなり信じちゃってたね。その点、免疫のある南山さんはおかしくならないよね（笑）。

皆神　おかしくなっているのか、おかしくなっていないのか。あの人は淡々としていてなんとも言えない（笑）。

志水　これは前に同人誌で書いたことがある話だけど、ミステリー系の人は平気で嘘をつく。でも、SF系の人にはちょっと迷いがある。斎藤守弘さんでも、いちおう元ネタはあるじゃない？　例の「金のガチョウ」の話とかね（笑）。でも、大陸書房の昔の本とかを見ると、微妙に元の話からズラしてあるんだよ。まったくの創作はしない

**2　宇宙人ユミットからの手紙**
ジャン＝ピエール・プチ著、中島弘二訳。ユミットからの「最後の警告」を記した手紙を全世界に先駆けて公開した。

**「金のガチョウ」の話**
『SFマガジン』62年4月号に掲載されていた、テキサスの農場で飼われていたガチョウが金の卵を産み出した、という話。ガチョウを調査した科学者チームは、ガチョウの体内で原子核反応が起こっていることを発見した。「サイエンス・ノンフィクション」というコーナーで紹介されていたが、実はアシモフの短編「金の卵を生むがちょう」の要約だった。斎藤氏の確信犯的ないたずらと思われる。

**山本** ただ、SFの場合はファンが読むと元ネタがわかってしまう、ということがあるからね。僕らがユミットを読んでもぜんぜんひっかからないのは、SFとして「こりゃダメだろう」と（笑）。異星人の思考パターンが地球人とまるで同じで、ファースト・コンタクトものの体をなしていない（笑）。作家としてツッコミを入れたくなっちゃう。SFを知らない読者は、ユミットの反宇宙の理論で感心するらしいんだけど、あんなの昔からさんざんSFのネタになってたことをそのまま書いてるだけじゃん。

**志水** アダムスキーもそうだよね。どうしてなんだろう？

**山本** SFからネタを引っ張ってくる人が多いよね。昔、スタン・グーチ『夢魔』（未來社）という心霊関係の本に「19世紀に起きたUFO事件」が紹介されてたんだよ。19世紀に謎の飛行物体が目撃されてヨーロッパ各地で騒ぎを引き起こした、というような内容なんだけど、これがジュール・ヴェルヌの『征服者ロビュール』そのまま（笑）。第1章のストーリーがそのまま書いてある。いちおう、引用してある文献の名前が出ていたんだけど、それが『異常社会心理ジャーナル』っていう学会誌（笑）。本当にそこから引用したのだとしたら、元の文献がベルヌのパクリだったということになるね。

**志水** ライアル・ワトソン方式だ（笑）。

**山本** とにかく、ジュール・ヴェルヌの小説をそのまま書くんじゃない！ 有名な

**『征服者ロビュール』** 1886年の作品。高空から降り注ぐ最後の審判のラッパのような音、各地の尖塔の頂きにくくりつけられた旗など、世界中にまきおこったこの怪現象に各国は騒然となる。その頃、フィラデルフィアの気球愛好家の集会に現れた男はロビュールと名乗り、自分は大空を征服したと宣言する。飛行戦艦〈あほうどり号〉に乗ったロビュールの空中冒険譚。

『SAGA』という雑誌に載ったUFO墜落事件も、『宇宙水爆戦』（55年）の写真がそのまま掲載されていただけなんだよね。

**志水** あれはびっくりしたなぁ。

**山本** SFからネタを引っ張ってくる人は、UFO界には本当に多い。

**志水** 『魔術師の朝』のジャック・ベルジェもそうだよ。原書はかなりSFっぽい。そうでないところもあるんだけど。

**山本** ベルジェはもともとSF作家で、編集者でもある。だから、SFノリで書いているんだね。

**志水** ジャック・ヴァレだって昔はSF作家だったわけだから。

**山本** SF業界もおかしな人が多い、ということだね（笑）。ベルジェなんて、どれだけフランス人に影響を与えていることか。ノーチラス号実験のことを言い出したのはお前だろう、という。

**皆神** ああ、たしかに。

**志水** だけど、ノーチラス号以外の潜水艦でそういう実験をしていたという記録はあるらしいね。海軍の秘密研究があったのは間違いないらしくて。

**皆神** それをたくさん膨らませたわけでしょう？（笑）

**志水** そうそう。それに「ノーチラス号」と書いてしまったわけで、実はソ連の超能力研究のはじまりは、この記事の影響だとも言われている（笑）。

---

【『宇宙水爆戦』】
架空の二つの天体間の紛争に捲き込まれた科学者を扱ったレイモンド・F・ジョーンズのSF小説が原作。遊星メタルーナからやってきた異様な昆虫人「メタルーナ・ミュータント」がよく知られている。

【ジャック・ベルジェ】
化学者、SF作家、超常現象研究家。ルイ・ポーウェルとの共著に『神秘学大全』がある。同書には海中の潜水艦にテレパシーを送る実験が成功した、という「ノーチラス号実験」について書かれているが、関係者によって否定されている。

**皆神** それで、「船名が入っているからリアルだ、リアルだ」ということになるんだね。故意かどうかはわからないけど、思わず、ってこともあるだろうけど。たとえば宜保愛子のロンドン塔霊視もそうですよ。夏目漱石の「倫敦塔」を読んで、その内容をそのまま言っちゃった（笑）。でも、誰も気がつかないんだよ。

**山本** 秋山眞人さんが訳したジョン・リマー『私は宇宙人にさらわれた！』（三交社）という本があったよね。

**皆神** あれはイギリス系のＵＦＯ研究の紹介としては大変よかった。著者のリマーという人がやっている「マゴニア」という会が、イギリス派のＵＦＯ研究の総本山となってるんだよ。

**山本** そこに載っていたエピソードなんだけど、ジョン・ホッジスという男が巨大な「生きている脳」に出会ってメッセージを伝えられるの。それによると、原爆は空中から投下しても爆発しない。地上にある場合にだけ爆発するっていうの。じゃあ、広島と長崎はというと、あれは地震で壊滅したのであって、そのあとにアメリカがＢ29で強力なマグネシウム弾を投下して、原爆が爆発したように見せかけたんだって。そう宇宙人が言ってたっていうんだよね。

**志水** ええー。

**山本** でも、実はこの話にも元ネタがあるんだよ。エドウィン・コーリィの『日本核武装計画』（角川書店）という小説があるんだけど、この小説のストーリーそのまんま。

**『日本核武装計画』**
エドウィン・コーリィ著、71年。米国が日本からの依頼で佐世保に核ミサイルを配備したところから始まり、それを「個人的な理由」もあって核軍縮派の上院議員が阻止しようと活動する中で、ある謎の計画が明らかになっていく、と言うストーリー。

UFOも面白いが研究者も面白い！

たぶんホッジスが前に読んだ小説のストーリーを逆行催眠で思い出しただけだと思う。フランスのベルジェ、アメリカのパーマー、日本の南山宏、実は全員SF出身、SFとUFOは、切り離されたように見えて、実は裏ではつながっていたんだね（笑）。

**志水** 斎藤守弘さんもSF出身だ。

**山本** そうそう。SF的な想像力が、このジャンルを引っ張っていくんだよ。

**志水** アダムスキーも昔、SFを書いていたというし（笑）。

**山本** アダムスキーは下手だったらしい（笑）。

**皆神** 読みたいんだけどなぁ。

**志水** たま出版の韮澤（潤一郎）さんが作った会誌で連載していたね。

**山本** あ、そうなんだ。

**志水** あと、『地球の静止する日』はアダムスキーの話とそっくりじゃない？ だから韮澤さんたちが『地球の静止する日』の海賊版を売ってたことがあったんだ（笑）。

**山本** え、どうして？

**志水** 「（この映画から）インスパイアされるところが多いから」って（笑）。当たり前だよ、順番が逆なんだから（笑）。

**山本** 海賊版を売ること自体がひどい（笑）。

**志水** まだ日本全体が、そのへんの意識が低かった頃の話だけどね。

**韮澤潤一郎**
UFO研究家。様々な宗教遍歴のほか、透視やテレパシーを使った超能力生活を体験。『たけしのTVタックル』などの番組にも出演、早稲田大学の大槻教授とのバトルが有名。現在、たま出版社長。著書、監修本多数。

# UFO用語の基礎知識

## UFO界の偉人？　異人？
## UFO人物伝

### ドナルド・エドワード・キーホー
（1897-1988）
Donald E. Keyhoe

米海兵隊少佐だったが、23年、事故で負傷して退役。以後、怪奇小説誌『ウィアード・テールズ』に小説を寄稿するなど、フリーランスのライターとして活躍。49年に『TRUE』誌に円盤についての記事を載せたのを皮切りに、『空飛ぶ円盤は実在する』（50年）、『外宇宙からの空飛ぶ円盤』（53年）、『空飛ぶ円盤の陰謀』（55年）を出版。円盤は外宇宙から来たもので、政府はこの事実を隠していると主張、この説を広めるため精力的に活動した。57年には設立したばかりのNICAP（全米空中現象調査委員会）の理事になるが、69年に財政上のミスを問われて解任される。レイ・パーマーと並んで、現代まで続く「ナット＆ボルト」説を世間に定着させた、UFO史上の重要人物である。

（山本弘）

◎UFO用語の基礎知識

## ◆フランク・エドワーズ
（1908-1967）
Frank Edwards

米国のニュース・キャスター。ラジオのキャスター時代に超常現象を扱ったことから人気を得て、関連書を何冊か刊行。晩年はUFO情報を米国政府が隠蔽している可能性についての発言が多かった。

テレビのゴールデン・タイムのキャスターに就任して間もなく、心臓発作で死去。出席が予定されていたUFO研究大会の当日の朝だったこともあり、謀殺説がささやかれた。

UFOについては宇宙飛来説を支持していたが、アダムスキーが彼の"体験記"に良く似たSF小説を書いていたことを明らかにしたりもしている。UFOに関する著書に、『空飛ぶ円盤は真面目な問題である』と『空飛ぶ円盤の現況』の2冊がある。

（志水一夫）

『空飛ぶ円盤の真実』とエドワーズのインタビューCD

## ◆ジョーゼフ・アレン・ハイネック
（1910-1986）
Josef Allen Hynek

"UFO学のガリレオ"と言われる米国の天文学者。米空軍のUFO研究部の顧問として目撃例の誤認としての解明を仕事としていたが、1964年のソコロ事件をきっかけに、単なる誤認などだけではないと考えるようになったという。

1972年の著書『UFO体験』で第三種近接遭

遇という言葉を提唱し、これは監修者に名を連ねている映画『未知との遭遇』の原題にそのまま用いられた。

1973年に「UFO研究センター（CUFOS）」（現「ハイネックUFOセンター」）を設立。

UFOの正体については、宇宙飛来説と、友人であるフランス出身の天文学者・数学者、ジャック・ヴァレーの影響による精神投影説との間を揺れ動いていたらしく、晩年のほぼ同時期の複数のインタヴューで異なる立場による発言があることが指摘されている。

（志水一夫）

## ジョン・A・キール（1930-）
### John A. Keel

本名アルヴァ・ジョン・キール。10代の頃より小説家・放送作家で生計を立てる。1954年、エジプト、中東、インド、ネパールなどを旅行し、コブラ使い、偽ミイラ作り、魔術師、ラマ僧などに取材。この旅行の体験記『ジャドウ』（57年）が評判となる。その後も放送作家として活躍するが、65年頃よりU

◎UFO用語の基礎知識

FO関係の記事を書くようになる。UFOは異星人の乗り物ではないという説を打ち出した『UFO超地球人説』（70年）、ウェスト・バージニア州ポイント・プレザントで起きたモスマン事件を取材した『プロフェシー』（75年）などの著書がある。UFOやその搭乗者は物質的存在ではなく、宇宙規模の超越的なシステムの一部であると説き、「ナット＆ボルト」説を真っ向から批判する。

（山本弘）

## ●エーリヒ・フォン・デーニケン（デニケン）（1935-）

Erich von Däniken

スイスの作家、宇宙考古学研究家。

1967年に刊行された著書『未来の記憶』（英訳題名『神々の戦車』）の国際的なベストセラー化により、1950年代からあった宇宙考古学（古代宇宙人飛来説）を世界的なブームにした。

しかし、記述の誤りや強引な論法、フランスのロベール・シャルルーの『知られざる人類史の十万年』との類似（後の版で参考文献に追加）などが批判の対象となった。とりわけ、3冊目の著書『播種と宇宙』（英訳題『神々の黄金』）でエクアドルの地下洞窟にあった黄金細工のものだとして公表した写真がまったく別物であったことが発覚し、非難を浴びた。

だが、現在も次々に同テーマの新刊を出し続け、売れ続けている。

宇宙考古学以外にも、キリスト教の奇蹟を超心理学的に解釈した『顕現』（英訳題『神々の奇蹟』）という著書がある。

（志水一夫）

## ●荒井欣一（1923-2002）

1955年に、日本で最初の全国的なUFO研究

UFO界の偉人？　異人？　UFO人物伝

団体「日本空飛ぶ円盤研究会（JFSA）」を創設した、文字通りの"日本UFO研究界の父"である。

同会はアダムスキーらの宇宙人会見談には批判的な、いわゆる科学派UFO研究の総本山的存在であった。また糸川英夫や荒正人ら多くの著名人を顧問に迎え、一般会員中にも石原慎太郎、三島由紀夫、黛敏郎といった人々がいたことでも知られている。同会有志により創刊されたSF同人誌『宇宙塵』からは、やはり会員であった星新一ら、多くの作家を輩出している。

70年代以降は「UFOライブラリー」（東京都認定博物館類似施設）を中心に、広報・啓蒙活動を行なった。

温厚な人柄で知られる氏の存在あればこそ、日本のUFO界もSF界も今日があるのだと言われている。

（志水一夫）

### 🎩 高梨純一（1923-1997）

日本の科学派UFO研究の草分け。

1956年に「近代宇宙旅行協会（MSFA）」、後の「日本UFO科学協会（JUFOSS）」を設立し、内外の情報の紹介に努めた。その一方、荒唐無稽な宇宙人会見談などに対しては厳しい態度で接し、またマスコミの無責任な情報の垂れ流しにも批判的であった。

◎UFO用語の基礎知識

APROやMUFONなど、海外の大手UFO研究団体の日本代表を務め、最盛期には英文会誌も月刊で刊行。とりわけ、東西の両雄と言われた「日本空飛ぶ円盤研究会」が休会になってしまった60年代には、事実上唯一の科学派研究団体として孤軍奮闘の活躍を見せた。また、SF同人誌の草分けである『宇宙塵』の草創期には、「水晶哉」の筆名で寄稿していたこともある。

『空飛ぶ円盤実在の証拠』を初めとする十数冊の著書がある。

（志水一夫）

● **矢追純一**（1935 - ）

"UFOディレクター"として知られる、テレビ・ディレクター、プロデューサー。

学生時代のアルバイトを経て日本テレビへ。1970年代に『11PM』や『木曜スペシャル』で超常現象を多く扱い、"怪奇ディレクター"として有名に。

イスラエル出身の超能力者、ユリ・ゲラー来日の仕掛け人でもあった。

一説に、中国を取材した際にいつでも日本に向けて撃てるように核ミサイルが配備されているのを見せられたことが、UFOなどに関心を向けるきっかけであったと言う。

番組および著書『ナチスがUFOを造っていた』では、カナダのネオナチ宣伝家、エルンスト・ズンデルの主張をほぼそのまま紹介して問題になった。

現在は、学歴としては認められないことがある米国の非認定校、イオンド大学の未知現象研究学部長をも務める。

（志水一夫）

● **南山宏**（1936 - ）

超常現象研究家、翻訳家。元『SFマガジン』編集長。日本SF作家クラブ会員。本名＝森優。UFOや超常現象には一歩引いた態度を取りがちなSF

UFO界の偉人？ 異人？ UFO人物伝

界には珍しく、情報が乏しくて創作をしてもわかりにくかった1960年代から、少年誌を中心に海外情報の紹介に務めた。ロング・セラー『世界の円盤ミステリー』は、かつては少年少女向け唯一のUFO関連書で、"少年UFOファンの旧約聖書"と言われる。

また、ベストセラー『謎のバミューダ海域』など、SFと超常現象関連書との双方に優れた訳業があり、特にUFO関係では質量共に右に出る者はない。

「日本フォーティアン協会」（並木伸一郎会長）顧問の他、英国「フォーティアン・タイムズ」の特別通信員など、海外のいくつかの超常現象研究団体の日本代表や通信員を務めている。

(志水一夫)

♠並木伸一郎 (1947- )

「日本宇宙現象研究会」会長、「日本フォーティアン協会」会長。

1973年、主宰していた「奇現象研究同好会ヴィマナ」と、「日本空中現象研究会」（池田隆雄会長

とが合併して「日本宇宙現象研究会」を結成、会長に就任。あたかもそれに合わせるかのように日本各地で次々に発生した事件の調査を行ない、当時は自他共に認める日本で最も科学的かつ活動的なUFO研究団体であった。特にトリック写真の解明では、マスコミから本当に肯定派なのかと言われるほどの活躍を見せた。

現在は主に雑誌『ムー』を中心に活動。海外の関連研究団体の日本代表や通信員を務めている。

『UFO入門』『UFOはホントにUFOか』などのUFO関連書の他、UMA（未確認動物）関連や超常現象一般に関する著書や訳書が多くある。

(志水一夫)

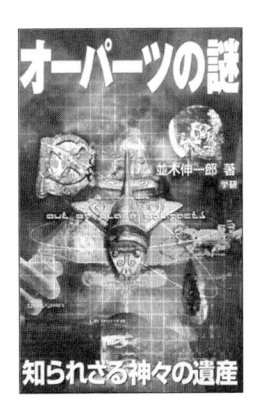

# やった！　本物……かな？
# 我、UFOを目撃す

**山本** UFOの目撃の話でいうと、みんなUFOを見分けるスキルが低いんだよね（笑）。昔、サイン会をやった本屋の店長さんから真剣な声で電話がかかってきたの。「山本さん、私、UFOを見ちゃったんですけど」と言うから、わざわざその店まで行って話を聞いたんだよ。ところが、聞いてみたら、光る点が空の上をスーッと飛んでいて、それが突然消えてしまった、というだけの話なのよ。それって、飛行機に太陽の光が反射していただけだと思うんだ（笑）。雲の影に入って光らなくなっただけなんじゃないかな。いわゆる円盤型をしていたわけでもないし、UFOらしい変な動きをしていたわけでもない、光がまっすぐに飛んでいただけ。ただ、本人はUFOをぜんぜん信じていない人だったので、逆にショックだったみたい。

**皆神** ああ、正体がわからない光点を空中に見ること自体がありえないことだと思っていたんだろうね。

やった！　本物……かな？　我、ＵＦＯを目撃す

志水　新興宗教にハマる人は、それまで宗教をまったく信じていなかった人が目の前でちょっと変わったことを見せられて、ショックを受けて何も考えずに入信してしまう、というケースが多いみたいだよ。

山本　それでその店長さんは真剣に考え込んでしまったんだよね。

皆神　嘘だと思ってる、全部作り話だと思ってる人が「体験してしまう」ということは、その時点でもう入り込んじゃってるんだね。

山本　（アーサー・Ｃ・）クラークが言ってたけど、ＵＦＯなんて空を見上げてたら誰でも見えるんだよ。僕だってすごいのを見たことがあるんだから。

皆神　おおっ！　出た！

### ● 山本＆皆神のＵＦＯ目撃体験

志水　それはどんなものだったの？

山本　中学生の頃、夕方だったんだけど、外に出て空を見たら、銀色に光る針が夕陽を反射して、赤味を帯びて光りながら飛んでるんだよ。空をスーッと動いていくわけ。

それで、「ついにＵＦＯを見たぞーっ！」って興奮しちゃって。「やったーっ！　本物だーっ！」って（笑）。でも、よーく見ると、先っぽに光の点があるの。要するに、飛行機雲だったの。

**皆神・志水** ああー。

**山本** 飛行機雲の中には、できると同時に消えていくものがある。横にスライドしているように見えるのね。でも、見ていると固体にしか見えないんだ。そもそも、雲がそういうふうに見えるなんて、想像もつかないからね。

**志水** でも、それはよく気づいたよね。

**山本** 僕、目がすごくよくて、当時も右2.0、左1.5だったの。もし、僕の目がもうちょっと悪かったら、たぶん一生「UFOを見た」と思い込んでいただろうね。前の光る点に気づいたから、わかったんだよ。

**志水** あぶなかったね（笑）。

**皆神** 僕もUFOは3回ぐらい見たよ。

**山本** 出たっ！（笑）

**志水** どんなものだったの？（笑）

**皆神** 小学6年生の頃、校庭で掃除をしていたら葉巻状のUFOが現れたんだよ。「そんなのいるわけないだろ」「見てみろよ」「本当だ」という会話があったんだけど、今考えたらあれはたぶん反射で銀色に輝いていた飛行機だったんだろうね。翼は見えなかったけど。それからあとの2回は、成人して社会人になってから。大阪にいたとき、夏の夕方、ビアガーデンにいたんだけど、大きな線香花火みたいなものがバチバチバ

やった！　本物……かな？　我、ＵＦＯを目撃す

チッと火花をあげながら梅田のビル街の間を飛んでいった。一緒にいた人たちとも「お前、見たよな」「見た見た」「でも、今の時間、あんなものを飛ばしてるヤツはいないよな」と。あれは今でも何だかわからない。

**山本**　まさに未確認飛行物体だ！

**皆神**　あとは清瀬にいたとき、マンションの4階当たりに住んでいたんだけど、そのとき、楕円形の銀色に輝く物体が左の方から飛んできて、ずっと向こうにある2階建ての住宅の前に降りていくのが見えた。建物より手前を飛んでいたから、そんなに大きくはない。せいぜい直径80センチぐらいだったと思うんだけど、それがヒューッと横から飛んできて、庭にスーッと降りていった。それだけ。

**山本**　それだけって！（笑）　すごい話じゃないですか！

**志水**　英訳して海外に送ろう（笑）。

**皆神**　そうかなぁ（笑）。たぶん、いちばん近いのは夜店で売っている銀色の風船だよね。でも、横に動いて、それが突然まっすぐ降りていったの。ヘリみたいな動きだったんだけど、何だったんだろう、と。アンノウンなまま。

**山本**　それだけ見ているのに信じないんだ、この人は（笑）。

**皆神**　そりゃ、信じないよ。たとえ自分が見たって95パーセントは何かの見間違いだもの。名古屋の科学博物館で働いている人が知り合いにいるんだけど、この人はＵＦＯを全部で7回も目撃しているのね。それぞれの細かい目撃談を自分たちが出してい

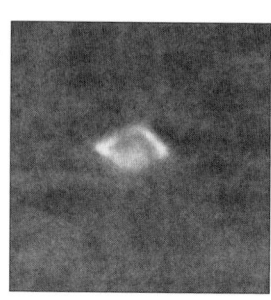

第6章◎やった！ 本物……かな？ 我、ＵＦＯを目撃す

金沢で撮影された「ピンボケUFO」

**皆神** と言ったそうだね（笑）

**山本** だって、望遠鏡で撮影したピンボケの画像なんて、普通の人は見たことないからね。

**皆神** でも、天文台とかで働いている人は、望遠鏡のピンボケ画像を見慣れているからすぐに「あ、ピンボケだ」とわかるんだよ。でも、普通の人はピンボケで光が菱形になるとは思わないからね。

**志水** 丸型か、せいぜい六角形だと思ってるよね。

**皆神** 金沢のピンボケＵＦＯは完全に解析されたんだけど、それを一般の人にも「なぜピンボケなのか」を証明するレポートを書いたのがアマチュア天文家の串田嘉男さんという人で、今は、天文でもなくＵＦＯでもなく、地震予知の人として非常に有名になってしまった。電波を使って、しばらく前に「関東に大きな地震が来る」と予知していた本人なんだよ。八ヶ岳の私設の天文台で働いている方だけど、話を聞いてみ

る会誌で報告しているんだけど、報告と同時に自分の手で緻密にその正体を全部デバンキングしているの（笑）。普通の人が見たら、どう見てもＵＦＯなのかもしれないけど、この人たちは全部わざわざ正体を解説してしまうんだよ。

**山本** 金沢でビデオで撮影されたＵＦＯにしても、天文台の人が見たら全員が「このピンボケは何ですか？」

### 金沢のピンボケUFO

1989年7月6日、金沢市の上空を音もなく飛行する小さな物体が8ミリビデオで撮影された。物体は「家一軒ぐらいの大きさ」で、金沢市上空を一直線に横断し、南南西の空に消えたという。物体が写っているのは約40秒間、最初は白い点だったのが、ひし形の半透明物体に変化した。このビデオはワシントン大学のブルース・マカビー博士が鑑定し、「本物のＵＦＯ」と太鼓判を押され、ニュースは国内の多くのメディアで取り上げられたり、アメリカCBSの全国ネットワークで放映されるなど、大きな話題を呼んだ。

やった！　本物……かな？　我、ＵＦＯを目撃す

たらＵＦＯについては「どうしても１～２％は解析しきれない、変なものが残るんですよ」と言っていた（笑）。

**志水**　70年代だと、『天文と気象』という雑誌には「不明天体を見ました」という目撃例がよく載っていたんだよ。亡くなってしまったけど、池田隆雄さんという天文観測家の方が、それをきっかけにＵＦＯのほうに関心が移って、「日本空中現象研究会」というのを結成した。それが後の「日本宇宙現象研究会」なんだよね。

### ◆つのだじろうの秘密

**皆神**　それにしても、空に変な光が見えるのと、３メートルの宇宙人のイメージのギャップは凄いものがある（笑）。

**山本**　空を正体不明の光が飛んでいたって、それが宇宙人の乗り物だという証拠は何もないんだけど、なぜかみんなそう思っちゃうんだよ（笑）。一般の人たちにとっては、やっぱりＵＦＯイコール宇宙人の乗り物なのね。

**志水**　それは根強いものがあるね。

**皆神**　不明天体も宇宙人もロズウェルも区別がついていないと思うよ。さっきの話じゃないけど、飛んでいる光を見ただけで人生観が変わっちゃうのが普通の人。物事はちゃんと分けて考えようよ、と言いたい！

第6章◎やった！　本物……かな？　我、UFOを目撃す

志水　そういえば、つのだじろうさんがどうして心霊の世界にハマったか知ってる？
皆神　いや、わからない。
志水　「UFOを見たから」なんだって（笑）。
皆神　あの人が心霊系にはまったのはいつ頃からだっけ？（笑）
志水　UFOを見たのはずいぶん前のことみたいだよ。
山本　まだ『ブラック団』とかのギャグ漫画を描いていた頃だよね、たしか。
志水　そうそう。その頃にUFOを見たらしいんだけど、「世の中には科学ではわからないことがあるんだ」と思ったそうなの。そのとき、「UFOは難しそうだから」という理由で心霊の世界に行ったんだって（笑）。
山本　それはヘンな理屈だ（笑）。
志水　UFOはバリバリの理科系の話だと思ったんじゃないかな。心霊はまだしも文科系っぽかったので、自分でも扱えそうな感じがしたとか（笑）。

◆ アルカイダがUFOでやってくる!?

志水　UFOの目撃例は、ちょうど開発が始まったりしている地域での目撃例が多いんだよね。これからは中国での目撃も増えるんじゃないかな。いわゆる郊外と呼ばれる地域での目撃例が多い。

つのだじろう
漫画家。『うしろの百太郎』『恐怖新聞』の大ヒットでオカルト漫画の第一人者に。
オフィシャルサイト
http://www.tsunoda-jiroh.co.jp/

やった！　本物……かな？　我、ＵＦＯを目撃す

**皆神**　そうかもしれない。ＵＦＯは「フラップ」といって、局所的ではあるけど大量に目撃情報が発生することがあるんだよね。カーティス・ピープルズは「ＵＦＯの目撃は社会の不安と相関がある」と言っているけど、それはなかなか難しい問題で。そうとばかりは言えないからね。

**山本**　社会の不安定さでいえば、それこそ9・11後のアメリカは不安に覆われているわけだから、もっとＵＦＯが出てきてもよさそうなのにね。ツインタワービルが崩れる脇に、何かが見える、という話があったんだよ。ということは、21世紀になって、ＵＦＯがもういちど再燃してもおかしくなかったんだけど、9・11の場合は、あまりにもリアルすぎて、遊んでいる余裕がアメリカ人にはなかった。ハイジャックされた飛行機に気をとられすぎていて、ＵＦＯを見ている場合ではなかったと思うんだ。

**皆神**　あと、いちばん大きいのは「アルカイダはＵＦＯで飛んでこないだろう」と思われていたことかな（笑）。第二次世界大戦の頃はロサンゼルス上空にＵＦＯが現れて、それは日本が飛ばしているのではないか、とアメリカ人はパニックになった。あの頃は、日本がどんな力を持っているのか、みんなわかってなかった。どんな秘密兵器でやってくるかもわからない。それに比べると、ジャンボジェットは落ちてくるかもしれないだろうけど、ビンラディンはＵＦＯを持っていないだろう、とわかっちゃっているんだよね、今は。

**山本**　ケネス・アーノルドがＵＦＯを目撃した1947年に、どうしてあんなにＵＦ

**カーティス・ピープルズ**
懐疑派ＵＦＯ研究家。スミソニアン研究所所員。著書である『人類はなぜＵＦＯと遭遇するのか』の訳者は皆神龍太郎。ＵＦＯ神話の歴史を戦後間もなくから現代にいたるまで、如何にして発展してきたのか、その裏側が懐疑派の立場から詳しく検証されている。

第6章◎やった！ 本物……かな？ 我、UFOを目撃す

実験だったんでしょ？

**皆神** いやぁ、ケネス・アーノルドが見たのは気球じゃなかったんじゃない？ ペリカンだったという説もあるんだけどね。あんまり突飛だったんでペリカン説にはみんな燃えた（笑）。でもボクはトリの編隊飛行だった可能性は高いと思ってるよ。

**志水** 位置関係を確認したという彼の主張が正しければ、それはありえないんだけどね。

**山本** 当時、UFOが宇宙人の乗り物であるという説を信じていた人は1パーセント以下だったんだよね。

**志水** 1947年というとわかりにくいけど、昭和22年だからね。

9.11テロで炎上するWTC。右端にUFOらしき光点が見えると言われている

Oがブームになったかというと、あの頃はまだ、UFOはソ連やナチスドイツの残党が飛ばしているという話がリアルだったからなんだもんね。

**皆神** 最初にアーノルドが言ったのは、「アメリカ空軍の秘密兵器だろ」と。自分たちのものじゃないかと思ったんだ。

**志水** 実際、そうだったわけだけどね（笑）。

**皆神** えっ、そうだったの？

**志水** 当時の目撃の大部分は、米軍による気球の

やった！　本物……かな？　我、ＵＦＯを目撃す

皆神　宇宙人が乗り物にのって空からやってくる、って概念がほとんどなかったわけだから。キーホーが3年後にはそういう概念を作り上げちゃったんだけど、当時はそう思われなかった。

山本　アメリカ人がどうしてあんなに円盤に夢中になったかというと、最初はロシア人の秘密兵器かもしれない、という危機感があったからだよね。

皆神　アメリカ人が必死になったということ、というか、アメリカ空軍が必死になってブルーブックまで作ってしまったからなんだろうね。何者かが本当に来ているのではないか、だとしたらそれはロシア人である可能性がいちばん高いと考えた。すると、軍としてはあいつら調査組織を作ることは当たり前で、しかるべき行動といえるよね。

志水　空軍という存在自体が、まだ新しいものだったということもあるし。

皆神　アダムスキーの時代も、バックボーンとしてあったのは核戦争への恐怖だね。

山本　それを警告するために宇宙人がやってくる。

志水　『地球の静止する日』がまさにそんな内容だ。

皆神　アダムスキーは宇宙人と友達になる。その宇宙人は、地球を征服したり、植民地にするつもりはなくて、「このままでは太陽系の調和を崩すから」ということを言いながら、神の化身みたいな形で地球に降りてくる。やっぱり社会不安に結びついているんだね。

山本　今こそ、宇宙人に降りてきてほしいけど（笑）。

皆神　でも、宇宙人が降りてきて何をしてくれるの？　「地球温暖化に気をつけなさい」とか？　つまらないよ、それ（笑）。

山本　イラク戦争のときも、ぜんぜん話題にならなかったよね。

皆神　UFOの目撃例はあったんだけど、宇宙人が降りてきた、という話はなかったね。降りてくること自体、なくなっちゃったのかな。

志水　チャネリングにお株を奪われた！

山本　それこそ人類に警告するためにやってきてもよさそうなんだけど。

皆神　コンタクティー的なものはほとんど終わっちゃったよね。チャネリングも終わっちゃったのかな？

志水　宇宙の果てからやってきて、悩み相談ばかりやらされているからイヤになっちゃったのかも（笑）。

皆神　他の星からやってきて、人々を導いたり、警告したり、というのは形として終わってしまったのかもしれないね。

志水　どうしてなんだろうね？　宇宙人は、神の言葉を伝える預言者でもあるわけだから、キリスト教の衰退みたいなことが関係あるのかもね。もしくは、預言的なものが大衆化してしまったからなのかも。「あなたもチャネラーになれるセミナー　2日間で6万円」とか、あったりするわけだから（笑）。

やった！　本物……かな？　我、ＵＦＯを目撃す

## ◆ＵＦＯの研究をしても女性にモテない！

**皆神**　もうＵＦＯや宇宙人に実利を求める時代ではなくなった、ということなのかな。

**志水**　ＵＦＯの本が売れなくなったのも、それが原因なんだよ。ＵＦＯの研究をしても、お金が儲かるようになったり、女性にモテるようにならないから！（笑）

**山本**　それは昔からそうだよ！（笑）

**皆神**　それがなきゃダメなのかぁ（笑）。

**志水**　今はそれなんだよ（笑）。

**山本**　水に「ありがとう」と言ってきれいな結晶を作ったり？（笑）　たしかにあれは実利だよね（笑）。でも、実用書ばかりの世の中はつまらないなぁ。

**皆神**　他の超常現象と比べて、ＵＦＯはきわめて世間からの必要性というものがない。超能力やオカルトのほうが、まだ必要性もあれば実用性もある。

**山本**　いや、超能力は意外と実用性がないよ。スプーン曲げたり、額に１円玉をくっつけても、何の役にも立たないから（笑）。

**志水**　額に１円玉をくっつけることは、「やればできるんだ！」というモチベーションのアップにつながりますよ（笑）。

**皆神**　足がかりみたいなものだね（笑）。でも、ＵＦＯは精神性が薄いのかな？

---

水に「ありがとう」と言ってきれいな結晶を作ったり『水は答えを知っている』（江本勝・著）より。「ありがとう」「ばかやろう」と書いた紙の影響で氷の結晶の形が変わるという。なぜかベストセラーとなり、続編が続々と刊行された。

第6章◎やった！　本物……かな？　我、ＵＦＯを目撃す

志水　ＵＦＯを見た自分は特殊な人間である、というある種のエリート意識が生まれることはあるかもしれない。

山本　さっきのつのだじろうさんの話じゃないけど、やっぱりＵＦＯは実用性に乏しいからそうなってしまうのかな？

皆神　「実用性に乏しい」というのは、そんなものそもそも存在しないんだからあらゆるオカルトに当てはまっちゃう。ＵＦＯは万が一、本当に存在しても実用性はさらに乏しい。その上「科学的に難しい」と思われてしまうことがあるわけで。

山本　えっ、科学的に難しい？（笑）

皆神　つのださんによると、そうらしいよ（笑）。要するに精神性がない、非常に物質的である、というイメージがＵＦＯにはあるんじゃないかな？　それこそ「ナッツ＆ボルト」系の考え方だよね。宇宙人が来て、帰って、そこで終わり。そこから先の精神世界がないんだよ。

山本　じゃ、精神的な宇宙人を出せばいいんだ（笑）。

志水　アダムスキーなんかは、グレート・マスター（大師）から教えを乞うたりしているんだよね。神智学の焼き直しであることがモロバレなわけだけど。

◆ＵＦＯがあなたを助けてくれる

**グレート・マスター（大師）**
アダムスキーが出会ったとされる"偉大なる存在"。アダムスキーを崇拝するコンタクティーたちもこの「大師」に会って教えを乞うことがある。『空飛ぶ円盤同乗記』に詳しい。

152

やった！　本物……かな？　我、ＵＦＯを目撃す

**山本** 自分たちより正しいものがどこかにいる、いてほしい、という願望を持っていながら、それが神様だったり霊だったりするのが嫌な人もいるわけ。そういう人たちにとっては、宇宙人のほうがちょっと科学的に思えてしまう。

**志水** 50年代ぐらいの日本のＵＦＯ研究家たちのなかには、共産党くずれの人がけっこういたりするんです。ユートピアンなんだけど、唯物論者だったりする。

**山本** ああー。唯物論的ユートピアなんだ。

**志水** 「山のあなたの空遠く　幸い住むと人のいう」的なユートピアがあって、それを現世にも創出できないか、という考え方だよね。

**山本** ラエリアンムーブメントの人たちも、自分たちがやっていることは宗教ではない、と思っているんだよ。あと、心霊のことを否定してるね。その代わり、科学技術を使って生まれ変わりができる、と考えている。

**志水** そういえば、アダムスキーも心霊否定派だったんだよ。

**山本** ラエリアンの人たちは、自分たちのことを非常に科学で論理的だと思っているんだよ。「心霊みたいなものはない。その代わり宇宙人がクローンを作ってくれる。自分たちが死んだら、新しい肉体に再インストールしてもらえる」と信じている。だから、どうしてラエリアンムーブメントがクローンを作ろうとしているかというと、それが彼らの教義だからなの。

**皆神** 彼らにとっては、我々人間自体、すでにクローンなんでしょう？

**ラエリアンムーブメント**
→P55参照

山本 そうそう。そのうえ、「クローン人間を作れるということが証明できたら、ラエルの主張は正しいことが証明される」と彼らは思っている。でも、それって「二足歩行ロボットを作ることができたら、『ガンダム』は事実である」と言ってるようなものだよね（笑）。そうじゃないよ！

## ◆わけのわからないことは宇宙人のしわざ

皆神 ただ、キールみたいなUFO観は独特のスタンスでいいんだけど、なかなか「あれ、いいよね」とはならないんだよね。

山本 僕は大好きなんだけどなぁ。

皆神 すぐに神様みたいな宇宙人が来て救ってくれるという安直な精神主義か、さもなければ「ナッツ＆ボルト」系の唯物論バリバリなものになってしまうんだよね。

山本 宣伝になっちゃうけど、僕が書いた『神は沈黙せず』（角川書店）は、すごくキールに影響を受けているんだよ。UFOは宇宙人よりもすごいものであり、宇宙人もわけのわからないものだと思うんだよ。「何かわけのわからないものが地球人をからかいにやってきている」という話って、すごく好き。

皆神 世間を騒がせた「全国のガードレールに金属片が刺さっている事件」が起こっても、今はまったく「宇宙人のしわざ説」は出てこないよね（笑）。

『神は沈黙せず』
山本弘著の長編SF小説。21世紀に入り世界中で超常現象が発生、空飛ぶ戦車、七角形のボルト、UFO、ロボット型異星人、空から降ってくる魚介類、落下する巨大な氷塊、銀の十字架が落ちてくる、石ころの雨、走りまわるインドゾウ、野生の少女、フクロオオカミの出現、ビックフットの出没、肉食獣ムングワ、吸血怪物チュパカブラス、怪獣ネッシー……。そして、神がついに人類の前にその存在を示し、主人公・優歌の兄は「サールの悪魔」という謎を残して失踪した。これら「神」のメッセージが、意味するものとは？

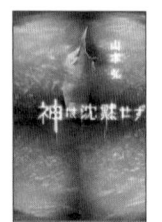

やった！　本物……かな？　我、ＵＦＯを目撃す

**山本**　昔はわけのわからない事件があると、必ず「宇宙人のしわざ」と言われていたのに。
**志水**　ミステリー・サークルで懲りちゃったのかねー。
**皆神**　でも、宇宙人は基本的につまらないことしかやらないんだよ（笑）。
**山本**　50年代にもアメリカで似たようなことがあったの。自動車のガラスに傷がついているのが次々と発見されて、「核実験の影響では？」とか、いろいろ言われていたんだよね。結局、走っていればガラスに傷がつくのは当たり前だったんだけど（笑）。ただ、それまでは誰もガラスに傷がついていることに気がつかなかった。ひとりが気づいたら、急にみんなが傷を探しはじめたんだ。
**皆神**　レッサーパンダが全国で一斉に立ち上がるのと同じ現象だ（笑）。群馬であったよね。「石をたくさん削っていた宇宙人」というの話。
**山本**　え、何、それ？
**皆神**　77年に『ＵＦＯと宇宙』の2月号に載った記事なんだけど、群馬県の伊香保温泉の近くで、庭石に謎の傷が付けられていることが見つかったというのです。ただそれだけの話なんだけど、ＵＦＯが目撃されていたから「ＵＦＯは石を食べていた⁉」という記事にされてしまった（笑）。
**志水**　その話が海外に伝わって、コリン・ウィルソンが本に書いてたよ（笑）。
**山本**　でも、本当に宇宙人はつまんないことしかしないよね。たしかに今回のガード

レールの事件は、いかにも宇宙人が起こしそうな事件だ（笑）。

**皆神** わけのわからないことをするのは、宇宙人というわけのわからない存在なんだ、という説明で昔はみんな「うん」と納得していたんだよ。何の説明にもなってないんですけど（笑）。

**山本** 最近はみんな「うん」と言ってくれない。

**志水** わけのわからないことをする連中が、地球にたくさんいることがわかっちゃったからね。白装束とか（笑）。

**山本** 僕なんかはSFファンだから、宇宙人が人間そっくりで、人間くさい説教を垂れていると、しらけちゃうんだよね。キールぐらいぶっ飛んでいるといいんだよ。人間には理解できないような超存在がいて、と言われると、SFマインドを刺激される。

**皆神** でも、それを「カッコいい」と思ってくれる人は少ないよお。

**志水** 日本に5人ぐらい？（笑）

「カッコいい！」って。

### ◆オカルトも実利優先主義の時代

**山本** 妖精を信じなくなった人は多いじゃない？ でも、妖精を信じないのに宇宙人を信じる、というのがよくわからないよね。みんな、宇宙人のほうが科学的だと思っ

やった！　本物……かな？　我、ＵＦＯを目撃す

**皆神**　妖怪は信じないけど、幽霊を信じてる人は多いからね（笑）。
**山本**　それも謎だね。
**志水**　まぁ、幽霊は人間のなれの果てだけど、妖怪はそうじゃないみたいだからね。
**皆神**　目の前をひょいひょいと歩いていたとしたら、妖怪か宇宙人かどちらかわからないはずなのに、それは妖怪とは思わないからね。たぶん宇宙人だと思うでしょ。
**山本**　心霊写真に写っているのも、妖怪ではなくて霊だと思われている。どうして？
妖怪でもいいはずじゃん。
**志水**　心霊科学はあっても、妖怪科学はないからね。
**皆神**　うん。妖怪科学は明治で終わってしまっている。
**山本**　妖怪も心霊も、非科学的なものだということには変わりないはずなのに。
**皆神**　超心理学者も、ポルターガイストは霊だと言われ、超能力だと言えば信じるんだよ。現象としては同じなんだけど、古い概念だと思われた瞬間、信じられなくなる。
**志水**　ＳＦの世界だよね。剣と魔法の世界が、レーザーガンと超能力の世界になっちゃって。
**皆神**　でも、今はゲームに限らず、剣と魔法からなるファンタジーがいろいろな超常的なる世界の勢いを吸い取っているような気がしない？　『指輪物語』にしても『ハリー・ポッター』にしても、信じはしないだろうけど、魔法の世界がいろいろなもの

第6章◎やった！　本物……かな？　我、ＵＦＯを目撃す

を凄い勢いで吸い取っているような気がする。

山本　これだけファンタジーがブームになっているわけだから、現実にフィードバックしてもおかしくないと思うんだけどね。

山本　でも、ファンタジーも、「リアルじゃない」ってところから始まってるんだけど。

皆神　ならば、今度は魔法がブームになってもよさそうな気がするんだけど。

山本　さすがに本物の魔法使いは出てこないよ。

志水　本物の魔法はけっこうしんどいじゃない？（笑）

皆神　その話、深く聞きたい！（笑）

志水　魔法を使うための儀式が大変なんだよ。『加持祈祷大全』とか、本を買って読んでも、「こんなの現実にできないよ」と思うような儀式ばかり載っているし。西洋魔法も本当に大変。

山本　それこそ進化して、もっと簡単な魔法とかになればいいのに。まだ現代に対応している魔法が生まれていないのかな？

志水　「おまじない」がそうだろうね。でも、魔法は複雑化と簡略化の周期があるんだよ。複雑になりすぎると簡単なものが求められるんだけど、今度は簡略化しすぎるとありがたみがなくなっちゃって複雑になる。

皆神　おまじないとか占いは実利があるよね。それが実際に起きるかどうかはともかくとして、「実利がある」と思ってみんなそれをやるわけだから。

やった！　本物……かな？　我、ＵＦＯを目撃す

**志水** 目的があるよね。実は『ムー』でＵＦＯの特集をやっても、あまり部数が伸びないんだよ。なぜなら、ＵＦＯが好きな人は毎号買っているから（笑）。

**山本** 何をやったら部数が伸びるの？

**志水** やっぱり実用系。占いとかおまじないとか。『トワイライト・ゾーン』は『ムー』よりも実用系を前に出していたんだよね。魔術とか（笑）。

**皆神** ああ、そうか。でも、やっぱり宇宙人には実利がない。宇宙人の場合、イギリス系を除くと「ナッツ＆ボルト」系の考えが多いわけで、ものすごく物質的なところが他のものとかなり違うよね。いちばん近いのはＵＭＡ、未知動物かな。「見たことがない生物がいる」ということで、物質的だからね。それでも、宇宙人やＵＦＯは他のものに比べると、精神性が非常に低い現象なんだ。

**山本** 精神性ということで言うと、終末カルトとかがＵＦＯや宇宙人からのお告げで行動する、というケースはあるよね。あれは信じている人からすれば、実利なんだろうな。自分が助かるために、ＵＦＯの存在を信じているわけだから。

**皆神** あ、そうか。でも、日本にはＵＦＯカルトがほとんど生まれなかった。

**志水** ＣＢＡ（宇宙友好協会）ぐらいかな。

**皆神** ＣＢＡが唯一の例外だろうね。アメリカみたいに「キリスト教もどきＵＦＯ信仰」みたいなものは日本にはなかったから。オウムでさえ、ＵＦＯはほとんど扱わなかった。

『トワイライト・ゾーン』
82年、ワールドフォトプレスより刊行されたオカルト専門誌。89年に休刊。入れ替わるように小学館から『ワンダーライフ』が創刊されたが、92年に休刊。96年に角川春樹事務所から創刊された『ボーダーランド』は翌97年に休刊。

159

**志水** それはやっぱり、キリスト教信仰は「神の代理人としての預言者」と「ナッツ＆ボルト」。彼らの精神主義と物質主義がぴったり重なった空間にUFOがあったんだ。

**皆神** アメリカに出てきたキリスト教的な基盤を持つ宇宙人と「ナッツ＆ボルト」。彼らの精神主義と物質主義がぴったり重なった空間にUFOがあったんだ。

**志水** あと、アメリカ人は、おまじないが好きなんだよねぇ（笑）。

**山本** 占いが盛んだよね。

**志水** ハワイで骨董屋をしている中国人のオヤジと話をしていたら、「アメリカ人は縁起物が好きだから儲かってねぇ」なんて言ってる（笑）。

**山本** 本当はいけないはずなんだけどね、キリスト教の教義からすると（笑）。

**皆神** プロテスタントは厳しいけど、カトリックは行くところまで行けば何でもOKみたいなところもあるからさ（笑）。

**志水** 四谷のカトリック専門店の奥に行ってみると感じるよね。

**皆神** アバウトというか、何でも取り入れちゃうんだね。日本人もそうだけど。

**山本** だけど、やっぱりアメリカそのものでUFOの力が弱まっているのが、今のUFO不況の最大の原因だね。あそこがUFOを生み出してきた国なんだから。

**山本** じゃ、今度はどこか違う国で流行らせていくしかないね。

**皆神** やっぱりイスラム圏だ！（笑）

その3

第7章◎私は宇宙人に会った！　アダムスキーとコンタクティーたち

## 私は宇宙人に会った！
## アダムスキーとコンタクティーたち

**皆神**　UFO問題を語る場合、絶対外せない「偉人」が、アダムスキーだよね。UFOをポピュラーにしたのも彼なら、多くの人からバカにされる原因を作ったのもまた彼だったわけだから。宇宙人とコンタクトを始めたという意味では、アダムスキーが世界で初めてというわけではなかったんだけど、後世に与えた影響という意味で言えば、アダムスキーは最大級の存在だろうね。

**志水**　1950年代のことだね。

**皆神**　アダムスキーはひとつの踏み絵になっていたね。あれを信じるか信じないかで、UFOを見るときのスタンスが科学派とそうでないものに分かれるとされていた。

**志水**　後になると「アダムスキーは嘘だけど、オレは会った」というコンタクティーも出てくるんだよ。（ビリー・）マイヤーとか（笑）。

**山本**　面白いのは、コンタクティー同士が「あいつは嘘だ」と言い合ってるところ

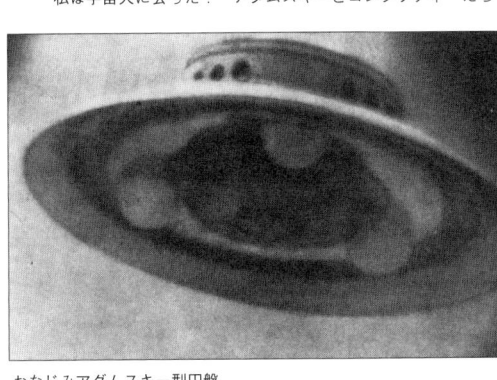

私は宇宙人に会った！　アダムスキーとコンタクティーたち

（笑）。僕は昔、ラエリアンの集会に行ったことがあるんだけど、まず最初にスライドを見せられるの。アダムスキーやマイヤーのUFO写真のスライドなんだけど、「これらはすべてトリックです」と（笑）。そのうえで「ラエルは写真を出しておりません」と続ける（笑）。写真を出したらみんな何も考えずに信じてしまう、自分の頭で考えてほしいから写真は出しません、という理屈。単にトリック写真を作るスキルがないだ

おなじみアダムスキー型円盤

けじゃないのか（笑）。

**志水**　昔のCBAの会誌も面白くて、松村雄亮さんが会ったという宇宙人の円盤には三脚がついていたんだって。だから「騙されてはいけない。本物には足がある」と書いてあって（笑）。

**皆神**　幽霊じゃないんだから！（笑）

**山本**　アダムスキーの円盤の下についている三つの球体は着陸ギアらしいけど、あれも足なのかな？（笑）

**志水**　少なくともCBAではそう言ってはいなかったですね。

**皆神**　コンタクティーはコンタクティー同士で派閥を作ってお互いに排除しあうけれど、面白

**エドワード・アルバート（ビリー）・マイヤー**

マイヤーはスイス北部に住む農夫だったが、4歳の頃にUFOを目撃して以降、ずっとプレアデス星人とコンタクトを取り続けている。さらに鮮明な写真も撮り続けており、NASAの写真分析で有名なロバート・ネイサンも「トリックの痕跡は発見できなかった」とコメントした、とマイヤー側は発表している（別の人に真偽を訪ねたネイサンは「トリックだ」と明言）。また、別の画像解析では、円盤の上方に鮮明な「糸」が見つかっている。

## アダムスキーは一発芸

**山本** でも、アダムスキーはいまだに影響力があるよね。

**志水** あるある。今でも、GAPから別れた、アダムスキー派のグループがあったりするから。加藤（純一）さんには従わないけど、アダムスキーには従う、というような人たちなの。

ティーと、宇宙人に恐怖を感じていて、同じ体験をした仲間を欲しがっているコンタクティとの差だろうね。

そしてこの人がおなじみアダムスキー

いのは無理矢理宇宙人に連れ去られたアブダクティーだと、アブダクティー同士はけっこう仲がよかったりするんだよね。互いのアブダクションされた経験を話しあっていて、「あ、オレが連れ去られたときもいたよ、そいつ！」とか言って意気投合するらしいの（笑）。同じ宇宙人にアブダクションされていたということは、あれはやはり幻ではなかったんだって安心感を持つらしい。この違いは、自分たちが教祖になろうとしているコンタク

**日本GAP**
アダムスキーによる、世界中の人々がUFOの真相について「知る」機会を与えられるべきであるという見地に基づいて行っているGAP「知らせる運動」の日本支部。文通を通してアダムスキーに師事した久保田八郎が61年に設立。久保田氏が逝去した99年に日本GAPも解散した。

**加藤純一**
日本UFO調査・普及機構（OUR-J）代表。元日本GAP。
オフィシャルサイト
http://www.our-j.com/japanese/

**山本** アダムスキーを信じている人は、いまだに月に空気があると信じていたりするでしょ。

**志水** そうだよね。

**皆神** 道徳とか講話といったレベルで聴けば、アダムスキーは、いわゆるところの「いいお話し」をしているんだよね。ありがたいお話しをいただいたとか、つい思っちゃうような内容。でも何もそれを、わざわざ宇宙人に言ってもらったことにしないでもいいと思うけど。

**山本** 後世に名前を残す人って、ある程度才能があるよね。

**志水** アダムスキーは円盤の話をしなかったら、名が残っていたとは思えない。ここまで広まるとは思ってなかったかもしれないけど（笑）。『実見記』と『同乗記』の話がまるで違ったりしていたわけだから。

**皆神** アダムスキーとサイババはどこが似ているかというと、退屈な説教だけでなくて、宇宙人やら虚空からの物品取り出しといった人々の耳目を引きつけるためのパフォーマンスを発明したというところ。このパフォーマンスを除くと、どちらもぜんぜんつまらな

日本GAPの機関誌

『実見記』と『同乗記』
アダムスキーの著書『空飛ぶ円盤実見記』（54年）と『空飛ぶ円盤同乗記』（57年）のこと

第7章◎私は宇宙人に会った！　アダムスキーとコンタクティーたち

**志水**　一発芸、以下同文だもんね（笑）。いことしか言ってないんだよね。教え自体はほとんど特徴がない、退屈なものでしかない。これらの一発芸がなかったら、どちらもまったく力を持ち得なかったと思う。

## ● マリー・アントワネットと火星人の生まれ変わり

**志水**　アダムスキーはUFOコンタクティーだけど、彼が出てくるまでは、むしろ心霊的コンタクティーが中心だったんだよ。

**皆神**　心霊と宇宙人の差があまりなかったんだよね。前世は火星人だったから火星人に生まれたから、火星の文字が書ける、みたいな。

**山本**　あ、いたいた。エレーヌ・スミット。19世紀の人なんだけど、もうその頃にはそんな話があったということだね。

**皆神**　心霊とのコンタクトに近い話だからね。チャネリングしている相手を宇宙人と呼ぶか、心霊と呼ぶかといった違いだけで。

**志水**　エレーヌ・スミットは惜しかったよなあ。「火星人の生まれ変わり」でいられたのに（笑）。「マリー・アントワネットの生まれ変わり」だなんて言い出さなければ、「火星人の生まれ変わり」でいられたのに（笑）。

**山本**　マリー・アントワネットの次が火星人！　そりゃダメだろう（笑）。コンタクティーはアダムスキーのあと、雨後のタケノコのようにいっぱい現われた。

**エレーヌ・スミット**　19世紀末に現れた女性霊媒。15世紀のインドの土豪シヴルーカの妃、18世紀のマリー・アントワネット、そして火星の様子などを語るようになった。それをデオドール・フルールノアが5年かけて書きとめたのが『インドから火星へ』である。

**志水** 54年に日本でアダムスキーの本が翻訳されたから(D・レスリー&G・アダムスキー『空飛ぶ円盤実見記』高文社)、その後、数年の間にたくさん現れたんだよね。

**山本** 日本のUFO研究も、アダムスキーのコンタクティー話から始まってるから。

**志水** ただ、当時はコンタクティーに批判的な本はまだまったくなかった。同人誌的な研究発表のなかには、批判的な内容の記事もあったんだけど。

**山本** 日本で本格的なUFO研究本が出てきたのは、60年代ぐらい?

**志水** 高梨さんの本が出るようになったのは70年代から。雑誌関係については、実は詳しくわからない。なぜかというと、大宅壮一文庫に行っても、目録から60年代の文献がスポッと抜け落ちていて存在しないから。CBAの馬鹿騒ぎを見て、大宅さんが興味を失ってしまったらしい(笑)。大宅さんが亡くなって、機械的に目録を作るようになってから以降のものはある。

**山本** 僕も昔のUFO本を収集しようと思ってるんだけど、70年以前の本となると、高文社以外の本はほとんどないんだよね。

**志水** 荒井さんが70年代半ばにUFO本のリストを作ったんだけど、宇宙考古学の本まで含めても数十冊程度でしかなか

エレーヌ・スミットが書いたといわれる火星語のメモ

『空飛ぶ円盤実見記』
D・レスリー&G・アダムスキー著。1953年に発表され、世界的にセンセーションを巻き起こした。砂漠での金星人との出会いが語られる(ただし、全体の3分の1弱)。高文社刊。

第7章◎私は宇宙人に会った！　アダムスキーとコンタクティーたち

ったんだ。

### ◆UFOと霊とチャネリング

**皆神**　コンタクティーといえば、たまに宇宙語をしゃべるおばさんとかいるよね（笑）。あれ、どうして「もう1回同じことをしゃべってください」と誰も言わないんだろう？　絶対、同じことはしゃべれない（笑）。テープに録音すればすぐわかるのに。

**志水**　でも、そういう人が『宇宙学』という名前の雑誌を出していたりしたんだよ。

**皆神**　「学問」の「学」なの？

**志水**　うん。阿佐ヶ谷かどこかに住んでいたおばさんで、要するに霊媒。チャネリングという概念が海外で出来上がる前から日本で活動していて。

**皆神**　それ、何年ぐらいの話？　60年代ぐらい？

**志水**　50年代かな？

**皆神**　それは古いなー。

**志水**　荒井さんの会が盛んだった頃だね。ずっと雑誌が出ていて、学者さんが何人かハマってたりした。雑誌をまとめた本が上・中・下巻で出版されたりもしたよ。「宇宙取次の機械」とかって書いてあるから宇宙交信機みたいな話かと思って買ってみたら、霊媒のおばさんのことだった（笑）

私は宇宙人に会った！ アダムスキーとコンタクティーたち

**皆神** それはどういう内容なの？

**志水** チャネリングですね。「宇宙の秘密」を語る、とか。

**山本** やっぱりUFOと心霊はけっこう近いものがあるんだよね。

**志水** うん、50年代のUFO大ブームのときは、アダムスキーもそうだったんだけど、宇宙人を取次ぐ霊媒的な役割だったわけで、チャネリングブームでもあった。霊媒の人たちが突然、宇宙人と交信できるようになったという馬鹿馬鹿しい話でもあるんだけど。

**皆神** そういう土着的な要素がどんどん省かれていって、最後はアメリカ的なUFOになってしまうんだよね。霊的なものが消えていってしまう。

**山本** (フレッド・)ステックリングの本に書いてあったんだけど、その頃はコンタクティー信者がチャネリング信者に対して優越感を持っていたらしいね。

**皆神** ああー。

**山本** 「お前のところは声を聞いているだけだろ、ウチの教祖様はちゃんと宇宙人に会ってるんだぞ」と。

**志水** それはアダムスキーの心霊派に対する態度と同じだね。原型はブラヴァツキーでしょう。ブラヴァツキーはあれだけ心霊的なことをしていながら、心霊は否定している。非常に批判的なの。彼女はヒマラヤの山奥の聖人たちと直接コンタクトしていたんだけど、だんだんヒマラヤの山奥のことが一般的に知られてきてしまった(笑)。

**フレッド・ステックリング**
著書に『なぜ空飛ぶ円盤は来るのか』がある。

**ブラヴァツキー夫人(ヘレナ・ペトロヴナ・ブラヴァツキー)**
19世紀のロシア生まれの神秘主義者。優れた霊能者でもあり、近代オカルティズムの母と呼ばれている。1875年にニューヨークで神智学協会を設立。チベットに住むマハトマ(大聖)と呼ばれる超能力者集団からのテレパシーによる教えを受けていた。ブラヴァツキー夫人が彼らの霊体と会見しているところを目撃した者もいるが、その霊体とは変装したブラヴァツキーの共謀者だったという。だし、トリックがばれてしまった現在でもブラヴァツキーの思想はオカルティストたちから絶大な人気を維持しつづけている。

169

第7章◎私は宇宙人に会った！　アダムスキーとコンタクティーたち

だから今度は宇宙に走ったわけ。
**山本**　やっぱり新しいものが好きなんだ。
**志水**　太陽系のことがわかってきたら、外宇宙に向かうもんね。
**皆神**　最近、太陽系内からやってくる宇宙人、少ないよね（笑）。自称・金星人の生まれ変わり、というような人はいるかもしれないけど。
**山本**　木星に行った人はいた（笑）。
**皆神**　いたいた。木星の石を持って帰ってきたんだよ。
**志水**　あれはどうして木星だと思ったかというと、「なにしろ大きな星だったから」という（笑）。
**皆神**　いったいどこから見たんだ、君（笑）。何と比べたんだろう？
**志水**　そもそも木星がどういう星かわかってない（笑）。なぜ大地があると思ってしまったんだろう。『宇宙戦艦ヤマト』でも見たのかな。

● 宇宙人に言われりゃ何でも感動！

**山本**　これも前から不思議に思ってるんだけど、どうしてみんな超能力者の言うことは聞くわけ？（笑）
**皆神・志水**　ああー。

**山本** 超能力が本当にあるとしたって、超能力者の言っていることが正しいとは限らないわけじゃない。

**皆神** それは大槻さんが教授だから思わず言うことを聞いてしまうのと似ているかも(笑)。肩書きが大事なんだろうね。山本さんも書いていたけど、宇宙人が単なる主婦のところにやってきて「戦争はいけないから止めろ」と言ったりする。単なる家庭の主婦にそんなこと言ったって、言われたほうが困るわな。目的と方向と手段がいつもバラバラ(笑)。

**山本** 高度な技術を持っているんだったら、地球のテレビ電波を乗っ取って自分たちで放送すればいいのに。どうして主婦とか工場で働いている工員とかに言いに行くのか(笑)。

**皆神** それも信じてくれなさそうな人のところばかりに行くんだよね。普段まわりから「嘘つき」と呼ばれているような人とか。

**志水** 「あなたは選ばれました」って、いやな選ばれ方だよね(笑)。

**山本** しかも核兵器ができてから「核兵器は危険だ」と言うようになって、フロンガスの危険性が言われるようになってから「オゾン層が危ない」って言うんだよ。いつも後手後手。

**皆神** 「君たちの核戦争による放射能汚染がバランスを崩し、危機に陥れる」って、科学勉強してから来いよ!(笑) 地球の放射能がどこに漏れるんだよ!

171

第7章◎私は宇宙人に会った！　アダムスキーとコンタクティーたち

志水　火山爆発のほうがよっぽどエネルギーとしてはデカい（笑）。

山本　（ジャック・）ヴァレが書いてたけど、人間は科学者に何か言われても感心はしないんだけど、宇宙人に言われると感動するらしいんだよ。

皆神・志水　はー。

山本　科学者にオゾン層の危機を警告されてもあんまりみんな気にしないんだけど、宇宙人に言われると何を言われても感激するのかもしれないね。「トイレから出たら手を洗いましょう」とか言われてもありがたい（笑）。

皆神　宇宙人だったら何を言われても感激するのかもしれないね。「トイレから出たら手を洗いましょう」とか言われてもありがたい（笑）。

志水　チャネリングがまさにそれだよね。当たり前のことを言われているんだけど、宇宙人を通して語ると急にありがたい言葉になっちゃう。Mr.マリックが説教垂れたらみんな聞くか、といったらそうではないだろうと（笑）。

◆アンデルセンの親父のマジック説教

志水　そういえば、九州の「アンデルセン」という喫茶店の親父はもうはっきり「マジックショー」と言うようになったみたいだね。

皆神　「アンデルセン」！（笑）　喫茶店の親父が超能力っぽいことを見せたあと、真面目な説教をするんだよね。でも、その「マジック」は「魔法」という意味で使っ

---

ジャック・ヴァレ　UFO学の碩学にして、懐疑論者。著書に『人はなぜエイリアン神話を求めるのか』『異星人情報局』、ジョセフ・アレン・ハイネック博士との共著で『UFOとは何か』などがある（対談によるUFO入門書。本書のライバル!?）。

アンデルセン　長崎県東彼杵郡川棚町。JR大村線川棚駅から徒歩1分。長崎自動車道東彼杵インターを降りり、ハウステンボス方面へ車で約15分。

志水　この前、友人が行ったんですけど、その人もマジックをやる人だったから楽しかったって（笑）。

皆神　「アンデルセン」の親父がマジックをやろうとしたら、そのマジックグッズを客に取り上げられてマジックの続きをやられちゃったという話があったよ（笑）。

志水　「そのタネ、持ってます」みたいな感じで（笑）。

皆神　ダイスの目を読むだけのマジックだったそうな。100円均一ショップでタネを売ってるようなマジックやるなよ（笑）。

山本　でも、そういう自称・超能力者が説教をはじめると、みんな真面目に聞くんだよなぁ。

皆神　いちど「凄い」という気持ちになると、あとはすべて「凄い」と思うようになってしまうんだ。

志水　でも、マジックも今はテレビでいっぱいやってるからね。僕もマジックをやるんだけど、これがキャバクラでやるとウケるんだよ（笑）。僕の知っている催眠術師さんは最初にマジックをやって掴むんです。500円玉にタバコを通すような初歩のマジックなんだけど、みんな「えーっ」となる。それでムードを作ると、催眠術もかかりやすくなる。昔の霊術家が最初に日本刀をしごいたりするのと同じだよね。

山本　先に暗示を与えちゃうと、催眠がかかりやすくなるんだ。

第7章◎私は宇宙人に会った！ アダムスキーとコンタクティーたち

**志水** 受け入れ態勢ができちゃうんだね。

**山本** 気功でも、最初に相手を直立不動で立たせて、目を瞑らせるとだんだん体が揺れてくる。あれ、実は気功をかけなくても、目を瞑って立っていれば誰でもだんだん体は揺れてくるんだよね（笑）。

**皆神** あれも、最初に「こっちに引っ張って倒します」と言っておけば、暗示にかかって倒れやすくなるんだよ。

**山本** 目をつぶって立っていれば誰だって揺れるよね（笑）。

**志水** 僕が感心したのは、相手に力いっぱい押させて、それを跳ね返す、というやつ。

**山本** 秋山眞人さんがよくやってたよね（笑）。

**志水** 『笑っていいとも！』でやってた（笑）。秋山さんには私が教えたんだよ（笑）。Ｏさんという気功家の人がいて、私がたまたま気で人を跳ね返すんです。飛ばされる人たちの脇で見ていたんだけど、その人もまず気で人を跳ね返すんです。飛ばされる人たちはわからないんだけど、脇で見ていると重心のかけ方がよくわかる。それから催眠術もかけるんだけど、その人は催眠術のことはまるで知らないんだ。気をかけていると、寝ちゃう人がいるから催眠術もできると思ったらしくて。「睡眠」と「催眠」がゴッチャになってた（笑）。だけど、催眠術はバッチリかかる。それが面白くて。

**山本** 最初に「気を持っている」と思い込ませることによって、催眠にかけやすくなるんだね。石を手で叩き割るのも、ビデオで見てるといろいろそういうトリックがわかるんだよ。

174

本当は割る石を台石に叩き付けていたりする。

志水　あれは寺田ヒロオさんの『背番号0』に出てくるトリックだよ。

山本　そんなに古いネタだったんだ！（笑）

志水　秋山さんにいろいろ教えてもらったりしたんで。

山本　あの人、トリックについて詳しいよね。

志水　売り込みに来た偽者の超能力者のトリックを暴いたことがあるんだって。小道具を置いていかせたという武勇伝がある（笑）。

山本　「俺の縄張りを荒らすな」って（笑）。

志水　さぁ、それは（笑）。

## ● 宇宙人に芝居を見せられた！

山本　第三種接近遭遇事件、つまりコンタクト・ストーリーを読むと、たいてい「何やってんだ？」という話ばかりだよね。今日、持ってきた『少年マガジン大図解』（講談社）という本、71年の『少年マガジン』に載った特集記事が再録されてるんだけど、例によって書いてるのは南山さん。一九五八年三月二十六日の夕がた、群馬県の吾妻地方を旅行していた東京の永井勉氏は、にぶく輝く円盤が低空にとまっているのを発見した。近づいていくと人影があらわれてからだがしびれ、いつのまにか円盤の中に

皆神　いた。宇宙人はテレパシーで円盤のことをいろいろと説明してくれ、太陽系外の彼らの星アイルランド星へ連れていった」（笑）。

山本　アイルランド星って何よ！（笑）

皆神　このアイルランド星というネーミングがインパクトあるでしょ。「着いたのはちょうど夜で燈火のきらめく大都会に降り、すぐに劇場らしきものの内部に案内された。大きな舞台ではさまざまな姿をした宇宙人がわけのわからぬ動作をくり返しており、一種の童話劇だと説明されたが、意味はさっぱりわからなかった。一幕劇を一幕見ただけで、ふたたび円盤に乗せられ、驚くほどの短時間で地球にもどってきた」（笑）。宇宙人は劇を一幕見せるためだけにこの人を誘拐したのかよ！（笑）

志水　高梨さんが非常に詳しく分析していて、やはり夢を見たのを混同しているのではないか、と言われているの。話がポンポンとあちこちに飛ぶのが特徴なのね。たしかに夢ってそうだよね。

山本　でも、どうしてこんな話をコンタクト・ストーリーだと思い込んでしまうんだろう（笑）。

志水　あの頃は宇宙人ものが流行っていたからだろうね。自称・金星人という若林映子みたいなおっさんがいたりしたし。

皆神　最近、自称・宇宙人という人はあまりいなくなったよね。

志水　前世は宇宙人だという人はいるけどね。昔、オカルト雑誌の読者欄によくあっ

たよね。

**皆神** あったあった。

**志水** あのパターンだよ。まだやってる人たちがいるの。「ナントカカントカという名前に覚えのある人はいませんか?」という。

**皆神** どうして前世のことを覚えているんだろう? 逆行催眠でも受けたのかな?

**志水** それは覚えているんだよ。三途の川の水が飲み足りなかったんじゃない?(笑)

**皆神** 宇宙人は三途の川を渡らないよ!(笑)

## ◆出没!「火が欲しい」宇宙人

**皆神** コンタクティーの話って、「宇宙人がキャディラックに乗って壁から出てきた」みたいな話とか、もうムチャクチャだよね。嘘にしても、あまりにもメチャクチャすぎる。本人はきっと本当に何らかの脳内幻覚を見たんだろうけど、それをそのまま人に伝えてしまうので必ずバカにされる。ある意味、かわいそうな人なんだけど、本人は嘘を言っているつもりはなくて、いたって真面目な人たちだと思うんだ。人間はそういう心理空間に落ち込むことがあるんだなぁ、と思うよね。金のため、名声のためというなら、もうちょっとうまい尾ひれをつけるから。

**山本** いわゆるハイ・ストレンジネスというやつだね。1989年にロシアで起こっ

**ハイ・ストレンジネス**
イギリスの怪奇現象研究家、マイク・ダッシュが自著『ボーダーランド』の中で使用して有名になった言葉。具体的には「本質的な非論理性、描写されるとおりのできごとが起こった可能性の低さを特徴とする報告例」を指す。既存の事例のパターンにとらわれない、「奇妙すぎる事例」のこと。

第7章◎私は宇宙人に会った！　アダムスキーとコンタクティーたち

た事件が面白いの。中村省三さんの『宇宙人大図鑑』（グリーンアロー出版社）に載ってる話なんだけど、トラック運転手のオレクさんが道の右側に巨大なUFOが着陸しているのを目撃したんだよ。トラックを降りて近づいてみると、目の前に赤い点線でできた正方形のスクリーンが出現して、「火が欲しい」という文字が表示された（笑）。「オレクはトラックからマッチと工業用アルコールの瓶を取り出すと、落ち葉の山にアルコールを振りかけて火をつけた。彼が頭を上げると、奇怪な宇宙人がUFOの開口部に近づいてきた。その宇宙人はジャガイモの袋のような形をした黒い塊で、体を左右に揺らすと縁のところがぼんやりと霞んだ。黒い塊のような宇宙人はマッチ箱を持ってUFOに戻っていった」。この宇宙人、マッチの火が欲しいだけだった！（笑）

**山本**　そもそも、宇宙人のくせに、火がつけられない！（笑）　レーザーとか持ってないのか。「ストッキングをひったくっていった宇宙人」もそうだけど、妖精の話や昔話をそのまま再現しているようなものが多いよね。

**志水**　「ちょっと火、貸してくれや」って（笑）。

**皆神**　違うのは体験者の服装だけとか（笑）。

**志水**　でも、今のトラック運転手の話を聞いていると、その人は本当に「火が欲しい」という文字を見たんだろうな、と思うよ。作り話にしてはあまりにもメチャクチャだから（笑）。嘘でこれを言おうとは誰も思わないでしょ。

**皆神**　まるっきり夢文学だよね。ここまですごいナンセンスギャグを書ける人もなか

皆神　人間はたまにこういった類のものを見たと思い込んでしまうような生物だと思ったほうが現実に近いのかも。

山本　「パンケーキをくれた宇宙人」とかね（笑）。

皆神　あれは何なんだろうね。しかも「塩が入っていなかった」（笑）。宇宙人のパンケーキはマズかったんだよ。

志水　どうして塩が入っていなかったか、知ってます？ 「妖精の食べ物には塩が入っていない」という伝承があるんだよ。

皆神　へぇー。

### ◆宇宙人は犬嫌い

これが宇宙人にもらったパンケーキ

山本　これ、好きだな。「犬をさらおうとしたヒューマノイド」（笑）。犬をさらおうとして、飼い主に怒鳴られて逃げていったんだよ、この宇宙人（笑）。「宇宙人はブロークンな英語で『自分たちは平和的な存在だ。ただ、君の犬がほしいだけだ』と語った」（笑）。

**皆神** 犬と宇宙人、という組み合わせはいくつかあるよね。最近でもアメリカで、「犬を殺しちゃったら、怒り狂った飼い主に逆に殴り殺されてしまった宇宙人」という情けない話があった(笑)。

**山本** イスラエルの宇宙人の話もあるよ。実業家のハナ・ソメッチさんが、真夜中の午前3時、居間にいる愛犬が狂ったように吠えたてていたんで目が覚めた。居間に下りていくと、宇宙人が犬をいじめていた(笑)。

**皆神** 宇宙人は犬がよっぽど嫌いなんだね(笑)。

**山本** 犬が宇宙人に嚙み付こうとしたので、宇宙人は犬を投げ飛ばした。「怒り狂ったハナは、『私の犬になんてことをしたの』と叫びながら、宇宙人に飛びかかっていった」。

**皆神・志水** おおー。

**山本** 「だが彼女は『目に見えない壁』にさえぎられてしまった。(中略)宇宙人は彼女がぼんやりとした薄笑いを浮かべていることに気づいたようだった。『にやにやするのをやめるんだ。犬にしたように、お前も痛めつけることができるんだぞ。お前を蟻のように踏み潰すことができるんだ。そんなことはしないから、お前の亭主のところに戻っていろ』と宇宙人は、この遭遇にふさわしいごろつきのような言葉遣いでハナに語った」(笑)。

**皆神** そんなバァさんをいじめてどうするんだよ、宇宙人なのに(笑)。

**山本** ごろつきのような言葉づかいの宇宙人って何なんだろう(笑)。

**志水** 教わった相手に問題があったのかな(笑)。

**皆神** いいなぁ。地球にやってくる宇宙人はきっとみんなごろつきなんだよ。宇宙の鼻つまみ者なんだ(笑)。

**志水** 宇宙猿人ゴリですか(笑)。

**山本** 本当にこんな話が多いんだよなぁ。

**志水** あと、日本でUFOを目撃した芸能人といえば、山本譲二に小倉優子。小倉優子にインタビューできないかな(笑)。UFO研究家を尊敬しているらしいから、研究家がインタビューしたがっている、と言えばいいんじゃない?(笑)。

**山本** 山本譲二が描いた宇宙人がいいんだよね。

**志水** 『ひょっこりひょうたん島』のダンディーさんみたいなんだよ(笑)。

**皆神** そうそう。また例によって絵が下手でさ(笑)。

**山本** 宇宙人を目撃した人は、みんな絵が下手なんだよ(笑)。あ、僕が『プロフェシー』という映画でいちばん不満だったのは、目撃者が描いたモスマンの絵が上手すぎるところ!(笑)

**皆神** わかってないんだ(笑)。

**志水** カゼッタ岡さんは本職は画家なのに、宇宙人の絵になると、とたんに下手になる(笑)。岡さんはシュールレアリスムの画家としては有名な人なのに。

**皆神** 山本譲二がテレビのバラエティに出たとき、UFOの話をさせられてそこでも

**カゼッタ岡**
本名、岡美行。本業は画家。カゼッタとは、岡氏が異星人からもらった宇宙名だという。毎夜のように宇宙人に宇宙旅行に連れ出されて宇宙でさまざまな冒険を繰り広げているとのこと(『自分の絵をけなした異星人の版元と決闘』、「ピラミッドを造る科学集団"ピラミッド族"に仲間入り」などなど)。バラエティ番組に多数出演。

また下手な宇宙人の絵を描いたのね。奥さんも一緒に出演されていて、奥さんにも宇宙人について感想を聞いたりしていた。でも、その次の場面になると、急に山本譲二夫妻の行きつけのお勧めの店のシーンになってしまうの（笑）。宇宙人からいきなり「ここの焼き物が美味しいんですよ」って（笑）。宇宙人とグルメを同列に扱うなよ！

**志水** カゼッタさんは完全にそういう扱いだよね。

**皆神** カゼッタさん、まだ元気なの？　亡くなったと聞いたけど。

**志水** 最近、聞きませんね。

**皆神** カゼッタさんも「空飛ぶ宇宙人」の写真を撮っていたよね。いかにも人形を吊って撮影しました、というような写真だったけど。

**山本** 「宇宙に行って、レーザー光線の撃ちあいをした」という話もあった。話がたくさんありすぎて、ゴッチャになってるけど。

**志水** 昔、どこかの同人誌に詳しい話が載っていたんだけど、乱丁で重要なところが1ページ抜け落ちていた（笑）。

**皆神** それはなおさら怪しい！（笑）

**志水** そういえば、前に電話がついたからって、家の留守電に番号を入れておいてくださったことがあったんだけど、あれも手違いで消えちゃって、連絡が取れなくなっちゃった。やっぱり宇宙人のしわざなのかも（笑）。

## 矢追純一！　ユリ・ゲラー！　秋山眞人！　決戦！　UFO対超能力者!?

矢追純一！　ユリ・ゲラー！　秋山眞人！

**皆神** だいたい超常現象すら実用に結び付けてしまうのは邪道だよね。もともと存在そのものが邪道なんだけど（笑）。

**山本** 「邪道」の意味が違う（笑）。もともとUFOなんて、趣味で研究していても何の実益もないわけだから。

**志水** もうUFO研究グループというものも、ほとんど壊滅状態になっちゃったね。

**皆神** 大学にはもう1カ所もないんだって？

**山本** 今の大学生は、子供の頃、UFOに染まってないからね。

**皆神** 矢追特番を大笑いしながら見れば、みんないい子に育つのに（笑）。

**志水** 京都大学の超常現象研究会で「UFOやりたい」と言うと、昔の荒井さんのところの会誌『宇宙機』を見せられて「な、進歩ないだろ？」と言われていたらしい（笑）。

> 「邪道」の意味が違う
> ジョン・A・キール（P135参照）の著書『ジャドウ』にかけている。ジャドウとはヒンズー語で「黒い魔術」という意味だそうだ。

183

第8章◎矢迫純一！　ユリ・ゲラー！　秋山眞人！

**皆神** たしかに進歩はないけど、面白いのに（笑）。
**山本** 40年前からね（笑）。
**志水** 東大UFO研の主な人たちも、みんな超心理学のほうに行ってしまったから。
**山本** はっきり言って、UFOは役に立たないところがいいんだよ！　僕がUFOカルトのことが嫌いなのは、エリート意識を持っている人が多いからなんだよね。

## ◆UFOのことをもっと知ってくれ！

**皆神** ところが、エリート意識を持っているわりにUFOのことをよく知らない。
**山本** 知らないんだよねぇ。
**皆神** UFOの事件だって、自分らの団体の関連モノしか知らない。本当に好きだったらもっと自分で研究しろよと言いたい！　僕らなんて信じてもいないのに、どれだけの金と時間をUFOに注ぎ込んでいると思っているんだ（笑）。
**山本** ずいぶん昔の話だけど、ニフティのUFO会議室でスタントン・フリードマンのことを知らない奴がいたし。
**志水** あれは驚いたなぁ。
**山本** あと、UFO会議室でリンダ・ナポリターノ事件のことも誰も知らなかった！
**志水** 矢追さんが紹介しなかったからだね。

↓リンダ・ナポリターノ事件
→P54参照

矢追純一！　ユリ・ゲラー！　秋山眞人！

**山本** いや、矢追さんが紹介したんだけど、「国連事務総長のウ・タント氏が国連ビルの窓から女性が異星人に誘拐されるのを目撃した」という話になっちゃってるんだよ。しかも、いまだに同じことが言われている！（笑）すごいよねぇ。どうして間違いを直さないんだろう。

**皆神** 資料とか、捨てちゃったんじゃないかな？　ただ最近、コンビニ売りのコミック本に収録した際には、国連事務総長の名前だけは変えたよね、さすがに。だってリンダ・ナポリターノの事件があったとされる89年には、元国連事務総長だったウ・タント氏はとっくに死んじゃってるよ。だから死人に目撃をされるなんて、ＵＦＯ特番じゃなくて実は心霊特番だったんじゃなかったの、とか揶揄されていた。

**山本** デクエヤルになったよね（笑）。リンダも国連職員になってるし。

**皆神** リンダって単にマンハッタンに住んでいる、いち主婦だよ。いつから国連職員になっちゃったの？　もうメチャクチャ！

**志水** どんどんオリジナルから離れていく。

**山本** 日にちから目撃者の名前から場所から状況から、全部間違えているんだもんなぁ。どうすればここまで間違えることができるんだろう。

**皆神** 創作だよね、ほとんど。一部の登場人物の名前が同じというだけ。

**志水** もとが同じだと気づくほうが珍しい（笑）。

**山本** 人名が間違っていたりするのは、記憶で書いていたりするからなのかなぁ。

第8章◎矢追純一！　ユリ・ゲラー！　秋山眞人！

**皆神** だから3人揃って月に降りちゃったりするんだね（笑）。

**山本** アポロの宇宙飛行士が3人も月面に立ってる絵ね。あれは漫画家が間違えちゃって描いたんだよね。あと、「ドレイクの公式」で有名な科学者フランシス・ドレイクのことをフランソワ・ドレイクと書いたり。

**皆神** ミステル・ヤオイというフレーズは担当だった編集者が作ったそうだよ。「ボクがミステル・ヤオイと書きました」と担当したご本人が言ってたから（笑）。

**山本** あと、「UFO研究家ジェームズ・シャンドレー」と書いたりしてる。本当はジェイム・シャンデラなんだけど。

**志水** けっこう間違えたままジェームズ・シャンドレーと書かれていたりするもんね。

**山本** これも矢追さんが間違えていたからなんだよ。MJ-12文書が送られてきたのが「1987年」と書いてあるのも間違いなんだよね。

**志水** せめて日付ぐらいまともに書いてほしいよね（笑）。

**皆神** インタビューした相手の名前まで間違えたりしているんだよ（笑）。日付も違うし、年齢も違うし。年齢ぐらい聞いて書けよ、と思うよね。

**山本** 日本におけるUFOと矢追純一の関係というのは、ノストラダムスと五島勉の関係と同じなんだよ。

**皆神・志水** ああー。

**皆神** どちらも対象を愛していないんだ（笑）。

**ドレイクの公式**
あるいは「ドレイクの方程式」「宇宙文明方程式」。宇宙にどのくらいの地球外生命が分布しているのか推定する公式。我々の銀河系に存在し人類とコンタクトする可能性のある地球外文明の数を推測するために、1961年にアメリカの天文学者であるフランク・ドレイクによって考案された。

**ミステル・ヤオイ**
と学会による「トンデモ本シリーズ」第1弾の記念すべき最初のネタ、矢追純一著『ナチスがUFOを造っていた』より。本文の中で、ラトホッファーなるドイツ人が矢追氏のことをしきりに「ミステル・ヤオイ」と呼びかける。「ミスター」という意味のドイツ語なはずだが、「ミステル」となると「ヘル・ヤオイ」とはどこの言葉なのだろうか？　04年、コンビニエンススト

矢追純一！　ユリ・ゲラー！　秋山眞人！

## 矢追特番DVD化希望！

**山本** どちらも日本では最高権威と謳われているけど、実はいちばん間違ったことをたくさん書いている研究家である、という。

**志水** 売れた本の部数だけは、たしかに最高だけどね。

**皆神** それから先を継ぐ者が出ないというのは、UFOについてうっすらとした関心を持っている人の数と、そこからさらに深く突っ込んで研究しようとする人の数が、4ケタか5ケタは違うということなんだろうな。うっすらと「UFOって面白いよね」「UFOを見たことがある」という人がもし10万人いたら、そこからUFOの研究者は1人生まれるかどうかというくらいだよ。真面目にUFOに取り組んでいるのは、全体に対して少数点以下何桁のパーセントだけしかいないんだよね。

**山本** ……面白いんだけどなぁ、UFO（笑）。

**皆神** コンタクティーにしても、ラエルみたいにごく少数の人たちにカルト的に支持をされるか、あとは「全部冗談に決まっているよね」とお茶の間でヘラヘラと笑って見せ物にされてしまうような人たちの、そのどちらかしかいなくなってしまっている。

**志水** ジェローム・クラークも転向しちゃったみたいですからね。あの人、精神投影説だったんだけど、会ったときに話をしたら「もう転向しちゃった」と言われてギャ

---

アで発売された矢追氏監修のコミック『UFO極秘ファイル』の中でも「ミステル・ヤオイ」と呼ばれていた。

**ジェイム・H・シャンドラ**
「MJ-12」文書の未現像フィルムを最初に入手したと言われているTVプロデューサー。友人のウィリアム・ムーアにこのフィルムを持ち込んだところ、話が雪だるま式に大きくなっていってしまった。

**1987年**
シャンドラのもとに未現像フィルムが持ち込まれたのは1984年。

**五島勉**
作家、ルポライター。およそ予言とは思えないようなノストラダムスによる詩篇を『ノストラダムスの大予言』（73年）に仕立てあげてしまった男。『大予言』

皆神　今は世界は完全に「ナッツ&ボルト」時代ですよね。妖精のことや、イギリス系のUFO研究なども理解してくれる人は非常に少ない。

志水　うんうん。

皆神　でも、そのあたりの面白さを今の若い人たちに語りかけるのは……これがなかなか難しい。逆に、それが難しいからこそ、空飛ぶ円盤、UFOが世の中から消えかかっているのかもしれない。せめて矢追さんの特番で必ずかかるジャジャジャーンという、あのインチキくさい音楽を聴いて、ググググッと心が引っ張られる、あの熱い思いを今の人たちにもぜひ体験してほしいな。

山本　川口浩探検隊がDVDになるぐらいだから、矢追さんの特番もDVDにしてほしいよね。

皆神　そのときにはぜひ我々に解説をさせてほしい！（笑）

志水　オーディオコメンタリーがいいな。

山本　矢追特番でいちばんすごかったのは、90年代になってからだったけど、やっぱり「ナチスがUFOを作っていた」という回ね。

皆神・志水　あー！

山本　あれは久しぶりに矢追さんらしい番組だったよ。

皆神　もういちどああいう番組を作ってほしいですよね。矢追さんは、最近はなんか

シリーズは国民的大ベストセラーになった。

**ナチスがUFOを作っていた**　94年放送。ナチスドイツはすでに第二次大戦中、UFOを完成させていた！ ドイツでは宇宙人とのチャネリングも研究されていた！ ヒトラーは南極の地下に作られた秘密基地で最近まで生きていた！ という話。

矢追純一！　ユリ・ゲラー！　秋山眞人！

もう腰が引けちゃってる感じ。

**志水**　矢追さんの番組に出ていたUFOのガレージキットまであったんだよね。

**山本**　そうそう。円盤の下に戦車の砲塔がついているやつ（笑）。ミリタリー・マニア全員がツッコむんだよ。どうやって弾を詰めるんだよ！　逆立ちしてやるのかよ！　って（笑）

**志水**　撃った瞬間、反動でUFOがひっくり返るよ、あれ。

**山本**　四国で少年たちが捕まえたUFOね。裏返すと模様が刻んであって、そこからお湯を入れると音がする模型なら欲しいなぁ（笑）。あれって版権あるのかな？（笑）

**志水**　当時、証言を元にして作ってもらった模型は、かなりお金をかけて作っているはずなんです。いちど作ったものをわざわざ四国に持っていって、少年たちに見せてから作り直していたりするから。介良事件は遠藤周作がテレビで見て、驚いて四国まで何度も行っているんです。エッセイに書いてたよ。

**皆神**　そういえば、UFOを捕まえた彼らは、その後、ほとんどメディアに登場しないよね。

**志水**　『あの人は今』みたいな番組には出てこないね。

介良事件の際に作られたUFOの模型

**介良事件**
1972年、高知県高知市介良（けら）で、9名の中学生が小型のUFOを繰り返し捕獲した事件。UFOの直径は15センチほど、高さも同じくらい。表面は鈍い光沢の銀色でツルツルしていた。裏側（底面）は、帽子のフチに当たる部分の裏側には細かい溝が幾重にも刻まれており、底面中央には直径5ミリほどの穴がいくつか空いていた。少年たちがUFOを思い切りカナヅチで叩いてもびくともしなかったが、底面の穴に水を注ぐと『ジーッ』と虫が鳴くような音がしはじめたという。その後、袋に詰めて紐でグルグル巻きにしておいても、いつの間にか逃げ出されてしまう、ということを何度か繰り返し、最後にはとうとう現れなくなってしまった。

第8章◎矢追純一！ ユリ・ゲラー！ 秋山眞人！

**皆神** 甲府の事件の人たちは出てきてたんだよ。ちゃんと逆行催眠を受けて、当時と同じUFOの絵を描いていたりしたから。

**志水** 当時は、UFOを目撃した少年たちの絵が微妙に異なっていたんだよね。ひとりは円盤の窓を四角く描いて、もうひとりは丸く描いていた。それが時間が経つにつれて、同一化していった。つまり、片方の記憶に引っ張られていっちゃったんだ。

**皆神** ベティ・ヒル事件も同じだね。最後はふたりの意見が一致したんだけど、それまではバラバラだったの。ひとりの記憶さえ、年代によってバラバラだったんだから。

**志水** 金沢のUFOビデオのときも、目撃して1週間後に描かれた絵と、数カ月経ってから描かれた絵がまったく違う。同じものとは思えない。撮影された映像に影響されてしまっている。

**皆神** 肉眼で見ても、そんなに克明に描けるわけがないからね。あのUFOを目撃された御本人はいまだにUFOだったと言っているみたいだけど。ただ、当時のマスコミの扱いには、納得がいっていないみたい。

**志水** マスコミにはさんざん不愉快な思いをさせられたから、もし今度ああいうことがあっても絶対に言わない、と言ってたね。

**皆神** 目撃者をよってたかっていじめる、というのはよくないよ。たまたま見てしまったわけだから、それはしょうがないんだもん。

**志水** うん。いじめるというか、好意的な人にまでさんざん利用されて、「分析したい

**甲府の事件**
1975年2月23日夕方、甲府市に住む小学2年生の男子ふたりが、東の空の山の上に輝くふたつのオレンジ色のUFOを目撃した。ふたつのUFOのうち、ひとつがぐんぐん自分たちのほうに向かって近づいてきたので、ふたりは近くの墓地に身を隠し、上空にとどまって回転しているUFOをやり過ごそうとした。ふたりはそっと家に向かおうとしたが、家までの道筋にあるブドウ畑を見ると、もうひとつのUFOが光を放ちながら着陸していた。四角い窓、三つの球形着陸脚などなど、テレビでよく見るアダムスキー型円盤そっくりのUFOから、身長130センチ、顔は茶色で深いしわが入っており、三本の牙を生やし、ウサギのような耳を持ち、肩に銃らしきモノを持った、足の指二本の「宇宙人」が現れた。

矢追純一！　ユリ・ゲラー！　秋山眞人！

のでオリジナルのビデオを貸してくださいと言って借りていきながら、その人が分析結果を知ったのは新聞記事からだった、なんてことはあってはいけないよ。しかもそこに自分のコメントが載っていたりするんだから（笑）。

**山本**　志水さんも『UFOの嘘』で書いてましたけど、こういう事件はマスコミが勝手に煽り立てていくんだよね。

**皆神**　自分の商売のためにUFO話を肥大化させる自称・UFO研究家のみなさんと、偶然見てしまっただけという目撃者はちゃんと分けてあげないとかわいそうだよ。目撃者本人が最初から嘘をついているのなら話は別だけど、少なくとも本人は「見た」とは思い込んでいる場合が多いわけだから。

## ●もっと頑張れ！　矢追さん

**山本**　話を戻すけど、矢追さんの後継者はなかなか現われないよね。

**皆神**　矢追の後に矢追なし、ということなんだろうか。

**志水**　オウムの事件以降、オカルト番組を作ることが難しくなってしまったのかな？

**皆神**　でも、オウムはUFOとはほとんど関係ないまま終わったわけだからさ。

**山本**　それに、むしろ今のほうがオカルト番組は多くなっていると思うよ。超能力番組ばかりだけど。

第8章◎矢追純一！　ユリ・ゲラー！　秋山眞人！

**皆神**　超能力は人助けの手段ということにしてしまった。人命救助のためとか、下手なエクスキューズをつけてばかりで、矢追さんの番組や、川口浩探検隊のような、「こんな宇宙人がいるんだぞ」「こんなUFOがいるんだぞ、ドーン！」みたいなストレート感がなくなったね。

**志水**　日本テレビのプロデューサーの人と話したことがあるんだけど、その人は全部、川口浩探検隊式のシャレだと思っていたみたいです。少なくとも出てくる研究家はすべて本物で、半分くらいは会ったことがある、って話したら仰天してた（笑）。

**山本**　プロデューサーも、登場する人たちが本当はどんな人かまでは知らないだろうなぁ。

**志水**　あと、さっきの間違いの話じゃないけど、日本のUFOに関する話って、矢追さんがしないとみんな知らないんだよね。

**皆神**　そう、やっぱり矢追さんなんだよ！　でも、矢追さんの最後のほうの番組って、やたらとまともなものになってなかった？

**山本**　どうして最後のほうはスペースコロニーの話になっちゃってたんだろうね？　あれが謎だった。

**志水**　地球環境財団が関係していたからかな？

**山本**　スペースコロニーと地球の環境は関係ないでしょ？

**皆神**　宇宙と環境を結びつけるには、スペースコロニーを媒介にするしかなかったん

**地球環境財団**
矢追純一は財団法人地球環境理事を務めている。
http://www.earthian.org/

192

矢追純一！　ユリ・ゲラー！　秋山眞人！

じゃない？　でも、自分の本にも書いているけど、矢追さんはもともとはUFOにあんまり興味ないんですよ（笑）。いちど矢追さんとUFOの資料とかみんな捨ててしまうんだけど、矢追さんは番組が終わるとUFOの資料とかみんな捨ててしまうんだって。「その資料、俺にくれよ！」って言いたかったけど（笑）。

**山本**　それであんなに不正確なことばかり書いてるんだ（笑）。

**皆神**　地球環境財団の理事になったのに、いつまでも「UFOの矢追」と呼ばれ続けているのも気の毒とは思うけど。

**志水**　でも、矢追さんだって、昔は飲むとUFOの話しかしなかったんだって。そうでもなくなってしまったみたい。要するに、海外のUFO研究家はすごいと思い込んでいたけど、会ってみたらそうでもなかったから（笑）。日本と違うのは博士号を持っているぐらいで。そこで「何か違うな」と思ったんだろうね。

**皆神**　矢追さんの最後の特番はどんな内容でしたっけ？

**山本**　「宇宙人は本当に実在する」。

**皆神**　あれが最後だったんだ。もうずいぶん前のような気がするけど。UFOの番組ではなかったけど。にコメンテーターとして参加していたよね？　別の人の特番

**志水**　『世界まる見え！テレビ特捜部』というビートたけしの番組に出ていたね。アメリカの番組の紹介があって、そのときはフィリップ・J・クラスが出ていたんですよ。

**山本** うわっ、出たっ！（笑）

**志水** 彼は否定派で、もとはそういう番組だったんだけど、番組としてそういう扱いはできないから、矢追さんを出してデタラメなことを言わせていた。

**皆神** でも、矢追さんに限らず、最近はUFO特番自体を言わないよねぇ。

**山本** この前、家にあるUFOや心霊関係の番組のビデオを全部見返してたの。ビデオが40本ぐらいあるんだけど（笑）。自分でも忘れていたものがあるんだよね。（ロバート・）ボブ・ラザーが出ている日本の番組があったんだけど、ボブ・ラザーがやってきたとき、スタッフが「MJ-12、MJ-12」と言ってるの。不思議に思ってビデオを巻き戻してよく見たら、ラザーの車のナンバーが「MJ-12」だった（笑）。

**皆神** そうそう。彼の車のナンバーは「MJ-12」（笑）。

**山本** ひょうきんな奴なんじゃん、お前！って（笑）。あと、ラザーが最後に日本に行くことをキャンセルした番組があったよね。

**皆神** あったあった！

**山本・志水** 生放送みたいな作りの番組だった。

**山本** ラザーが日本側のスタッフからオファーを受けて、日本に来る予定だったんだけど、そこに脅迫電話がかかってくるの。「日本に行ったら殺すぞ！」って（笑）。「私も命が惜しいから日本には行きません。そのかわり電話ですべてをお話します」って、意味ないじゃん！（笑）　そもそも、どうして日本に来ると殺されるんだろう（笑）。

ロバート（ボブ）・ラザー　物理学者。1989年、ラザーがラスベガスのテレビ局で「エリア51ではUFOの研究がなされている」と証言し、エリア51は一躍有名になった。ラザーの証言によると彼は88〜89年の間、S4というエリア51内の施設で働き、UFOらしきものの調査をさせられたという。彼の話が全米に広がったことでエリア51を一目見ようと集まった人たちで賑わいを見せた。そのため、アメリカ空軍はエリア51を見渡すことができるホワイトサンズ山やフリーダムリッジを閉鎖した。

矢追純一！　ユリ・ゲラー！　秋山眞人！

## ◆ユリ・ゲラーと宜保愛子の驚異の霊視実験

**皆神** ユリ・ゲラーとシピ（・シュトラング）の関係と一緒です。

**山本** ええっ！ それは高い！ 暴利だね。

**皆神** 暴利だよ。近所の写真屋の親父がマネージャーになって仕切っているらしい。

**志水** ラザーはインタビュー代が高いんだよ。ある日本の雑誌がラザーのところにインタビューに行ったら1回5000ドル払えと言われた。

**山本** やっぱり日本は宇宙人とツルんでいると？（笑）

**皆神** アメリカではペラペラ喋ってるのにね（笑）。

**山本** よくわからん！

**皆神** この前、韓国のテレビ局がむりやりゲラーのところに行って撮影したという未編集のフィルムをもらったんだよ。それを見ると「カメラマンは外に出て行け」と言われたので、インタビュアーだけが残って、隠しマイクで録音していたというビデオなの。カメラマンはすることがないから、家の外で空を撮ったり家を撮ったりしているだけなんだけど（笑）。ビデオとしては面白くもなんともないんだよ。いまだにシピと組んでゲラーの「ヘーイ、シピ！」という音声が最後に入っていたんだな、と思ったよ。この二人、一生離れられないんだな、と思ったよ。

**ユリ・ゲラー**
1946年、イスラエル生まれ。イスラエル陸軍を除隊後、ファッションモデルやキャンプカウンセラーなどの職を転々とする。そのキャンプ場で、シンプソン・シュトラング（通称シピ）という少年と知り合ったゲラーは、奇術の共同研究をはじめ、友人のパーティーやナイトクラブでの超能力ショーを始めるようになる。その後、紆余曲折ののち、超心理学者アンドリア・プハリッチに、シピとともに「本物の超能力者」としてアメリカに招聘される。74年に初来日、テレビでスプーン曲げを披露し、折からの日本でオカルトブームにあった日本で大ブームを巻き起こす。
オフィシャルサイト
http://www.uri-geller.com/

第8章◎矢追純一！　ユリ・ゲラー！　秋山眞人！

ユリ・ゲラー

**志水**　ホモダチなんだろうか（笑）。

**皆神**　ゲラーにはちゃんと子供がいるんだけどね。それこそお互いに秘密を握り合っているわけだから、離れられないんだと思うな。

**山本**　昔のビデオを見てると、やたらユリ・ゲラーが出てくるんだよね（笑）。この人、ぜんぜん希少価値はないよね。

**皆神**　希少価値はないだろうなぁ。

**山本**　そういえば前、ユリ・ゲラーと宜保愛子が一緒に出ている番組があったよね。

**皆神**　あったあった。

**山本**　面白かったのは、ゲラーがこれから出かける先を、宜保さんが霊視するところ。遠隔透視なんだけど、ゲラーが車を止めて、公園の池のそばで「ここからテレパシーを送ります」と言うわけ。するとそこへ公園の管理人がやってきて、「許可なく撮影しちゃダメだ」って言う（笑）。しょうがないからゲラーたちはぜんぜん違う場所に移動して、そこからテレパシーを送ったんだよ。それから宜保さんが霊視して、ゲラーがいる場所を絵に描いたんだけど、それがさっきまでいた公園の風景そのまま（笑）。

**皆神**　残留思念だ！（笑）。

**宜保愛子**　1932年、横浜市生まれ。70年代中盤から霊能力者として『あなたの知らない世界』などに出演。80年代後半にテレビや雑誌に取り上げられるようになり、彼女の名前を冠したスペシャル番組が多数製作された。著書も多数。03年、胃がんのため死去。

矢追純一！　ユリ・ゲラー！　秋山眞人！

**山本**　むちゃくちゃ怪しいじゃん！（笑）

**志水**　いいねぇ（笑）。

**皆神**　ゲラーの超能力は宇宙人にもらったものだからね。「ナイン」という連中から力を授かったということになっている。

**山本**　「スペクトラ」だね。

**志水**　一時期、自分で否定してたんだけどね。彼も言うことがすぐに変わるから。

**皆神**　うん。「僕は催眠術にかかりやすいんだ」と言ったりしてたもんね。でも、今日、コリン・ウィルソンが書いたエイリアンの本を読んでいたら、ゲラーの話が載っていたんだよ。

**山本**　『エイリアンの夜明け』（角川春樹事務所）だね。

**皆神**　ゲラーが言うには「あれはみんな真実なんですよ」って。また違うこと言ってる（笑）。もう、どっちかにしてくれ！

**志水**　彼は昔、自分と会ったことがある有名人が後でしらばっくれるのに呆れて、自分には自分と会った相手がそのことを忘れる超能力がある、って言ってたんだよ（笑）。

**皆神**　大学でたまに頼まれて学生たちに話をしたりすることがあるんだけど、立場上、いちおういろんな超常現象を否定しなきゃいけない。でも、否定するってことは、まず相手が知っていることから話しはじめなきゃいけないでしょ？　それで聞いてみたら、今の大学生はまず、サイババを知らないんだよ。

**スペクトラ**
ユリ・ゲラーがテレパシーで交信しているという異星人の宇宙船。地球から５３０６兆９０００億光年離れているという。ホラ吹きすぎだろ、それは。

第8章◎矢追純一！ ユリ・ゲラー！ 秋山眞人！

山本 えーっ！

皆神 100人いると、2、3人しか知らないんだよ。知っているとしても、宜保愛子が限界かな。でも、亡くなってしまったから、彼女のこともそのうち忘れられてしまうと思う。もう否定するものすらなくなって、こちとら商売あがったり、って感じ（笑）。

山本 今だったら、細木数子とか？

皆神 うん、細木数子の名前を出さないとわからないと思う。こういうのって、一瞬ワーッとなるだけでしょう。ノストラダムスは異様に長く続いたけど。

山本 でも、確かにもうノストラダムスのことを覚えている人は減ってきたかも。

皆神 そうそう。あれも21世紀になって終わっちゃったもんね。今の若い人たちってUFOや超常現象についての知識が本当にないんだよね。基本的にこういう知識って、少年雑誌とかテレビの特番で覚えていたものなんだけど、それがいまや両方ともなくなっちゃった。

山本 今はひょっとして、ジョー・マクモニーグルが一番なのかな？

皆神 あれも、見ている人は特殊だからね。

志水 「マクモニーグルって誰？」「ほら、テレビでよく見る」「ああ、なるほどあの人ね」みたいな感じなのかな。

山本 でも、インターネットの掲示板とかを見てると、「マクモ・ニーグル」って書かれてたりするんだよね。ナカグロが入っちゃってる。姓は「ニーグル」、名は「マクモ」

---

**ジョー・マクモニーグル**
ここ数年、テレビの「人探し番組」などにFBI超能力捜査官として多数出演。アメリカ陸軍に所属しドイツに赴任していた時、突然の心臓発作で倒れたマクモニーグルは臨死体験をして予知能力や千里眼能力に目覚めたのだという。その能力を買われて、CIAの超能力スパイプロジェクト「スターゲート」に配属。米ソ冷戦時代にはソ連の潜水艦基地のありかをアメリカ国防総省にいながらにして透視。そのあまりの的中率からマクモニーグルは、超能力スパイ・コードNo.001と呼ばれたのだそうだ。

(笑)。それが検索するとけっこういるんだ(笑)。

**志水** 耳かっぽじって聞け、だな(笑)。

**山本** そういう人たちが「あの人の的中率は100パーセントだ」と書いていたりするの。そんなに高くねぇって(笑)。番組をちゃんと見てたら、よくはずしてるのわかるじゃん。本人は60パーセントから80パーセントって言ってるらしいけど。

**志水** 本人も外れた例があることは認めているけど、それでもよく当たることになってるよね。

**皆神** 確かにあんなに当てる人はいないよ。行方不明者が隠れている家までピンポイントで当てちゃうんだから。当て過ぎはかえって怪しい!

**山本** 「FBI超能力捜査官」(笑)。FBIと何の関係もないのに。

## ● 秋山眞人の伝説

**皆神** そういえばチャネラーってのもいなくなったね。

**山本** 秋山(眞人)さんも最近、やってないね。

**皆神** 秋山さんって、超能力者って言われてるけど、超能力を発揮しているところって見たことある?(笑)

**山本** えー、1円玉を額に貼り付けたりしてるんでしょ?

第8章◎矢追純一！ ユリ・ゲラー！ 秋山眞人！

**皆神** あれを超能力って呼んでいいの？ それって、エスパー伊東を超能力者だと呼ぶのと同じじゃん（笑）。あの人っていろんな肩書きがあるけど、実際にやっているところって見たことないんだよね。いちど、「超能力を見せて」と頼んだことがあるんだけど、そのときは「40分かかります」と言われたから「待ちきれないのでいいです」って断ったの（笑）。

**志水** あの人、静岡県警に呼ばれたことがあるらしいんだよね。もともと静岡のほうの生まれだし、たしか警察官だったこともあるから。静岡で警察署に泥棒が入る、という不祥事があって、偉い人が激怒して、なんとか犯人を捕まえたい、ということで秋山さんが呼ばれて。たしか窃盗団の隠れ家を当てたんだよ。「あそこまで当たるとは思わなかった」と警察のほうが言ってたらしいよ。

**皆神** そんないい例があるなら、ちゃんと発表してほしいよね。

**志水** まあ本当だとしても、県警が認めるわけがないってことなんでしょうけど。

**山本** 『TVタックル』で宇宙人はいるかどうかの話をしているときも、「自分の体験談を話せばいいのに！」と思うよね。だって、UFOに乗ったことがあるんだから。水星とか金星に行ってきたんでしょ？

**皆神** 数年前に宇宙人から話をしてもいい、とお許しをもらって宇宙人とのコンタクト本を書いたんだけど、あんましパッとしなかったみたい。せっかくそれまでずーっと黙っていたんだけどねぇ。

矢追純一！　ユリ・ゲラー！　秋山眞人！

志水　いちおう春川正一という仮名で久保田（八郎）さんがまとめて本を出していたりしたんだけど。あと、GAPの人たちからはもう離れちゃったのかな。GAP自体、もうなくなっちゃったんだけど。秋山さんはいろいろな人脈持っているんですよ。超能力者ということで面白がられて、いろんなところに呼ばれるから変わったつながりがいっぱいできる。乗っ取られそうになった会社を助けるような仕事もしていたりするし。

皆神　そうそう、会社のコンサルタントを30社ぐらいやってるんだよ。

志水　コンサルタントとして、乗っ取られそうになっている会社に入り、それを助けて代わりに自分が入るらしい。乗っ取りはしないけどね（笑）。

山本　『UFOと宇宙』のバックナンバーに学生時代の秋山さんの顔写真が出てたんだけど、あの頃はまだ太ってない（笑）。超能力者になってから太りはじめたみたい。

皆神　「第1回コンタクティー大会」に「仮名・マコト」として出てくるんだよ。まだ丸刈りで。彼がいちばん最初にメディアに出てきたのはたぶんそれだよ。

◆スプーン曲げの極秘テクニック

山本　秋山さんもそうだけど、超能力者の人たちは、どうして自分のいちばん凄い話をテレビでやりたがらないのかな？　秋山さんもUFOに乗った話はしないし、清田（益章）君も火星に行った話はしないでしょ。

久保田八郎
UFO問題と宇宙哲学の研究家。アダムスキーの承認を受けて、1961年に日本GAPを設立。世界各国でアダムスキーに関する講演を行うなど、精力的な活動を続けた。1999年逝去。

清田益章
別名「エスパー清田」。ユリ・ゲラーがブームとなっていた幼少の頃より数々のテレビ番組に出演してスプーン曲げを披露。スプーン曲げのほか、念写なども行う。著書に『悪の超能力実践スーパー・コミュニケーション』『清田益章の超能力開発講座　エスパーシー！』など。映画出演、歌手デビュー、ファミコンゲームのプロデュースと、その活動は多岐に渡る。
http://www.xeneph.com/

第8章◎矢追純一！　ユリ・ゲラー！　秋山眞人！

皆神　あれは二度と話したくない経験だったからなんじゃないかな（笑）。

山本　だって火星を見上げて「行ってみたいなあ」って思っていたら、テレポートしちゃったんだよ！（笑）　ジョン・カーターだよ！（笑）　しかも火星探査機のカメラに念写したら「2BG」って文字が写っちゃったんだから（笑）

志水　なんか石を蹴ったのが映ってたという話じゃなかったっけ。

皆神　あれは火星探査機が撮影した後に「俺が書いた」と言ったんだよね。

山本　でも、あれはすごい話だよ（笑）。

皆神　超能力というより、すごい想像力（笑）。でも、話がすごすぎるから「若気の至りだと思ってくれ」みたいな気持ちになっているんじゃないのかな。本当にできるならみんなの目の前でテレポーテーションしてみせてもらえばいいよね。彼の超能力はその場で証明されますよ。一生懸命高層ビルを下から撮影することもない（笑）。

山本　一生懸命スプーンを曲げなくてもいいのに。スプーン曲げはテクニックが知れ渡って、誰でもできるようになっちゃったからね。

皆神　たしかにね。昔はスプーンなんかが人の力で曲がるとは誰も思っていなかったわけだから。本当はいくらでも曲がるのに。

志水　昔、『ムー』の忘年会に50人ぐらい人が来ていて、矢追さんの指導でみんなでスプーン曲げをやったことがあったんだよ。それで南山さんが曲がって、曲がった人には景品がもらえるはずだったのに、曲がった人が多すぎて結局もらえなかった（笑）。

**火星に行った話**
1974年11月26日の夜、小学6年生だった清田君が火星を見上げて「行ってみたいなあ」と思っていると、火星にテレポートしてしまったという。火星の空気はムッと暖かく、ちゃんと呼吸できたそうだ。2年後の7月、火星探査機バイキング1号が火星に着陸した際、送られてきた写真の中に、石の表面に影があり、「2BG」と読める影があり、「火星人の文字では」と話題になった。清田少年は自分が火星上の探査機のカメラに念写したのだと主張した。

矢追純一！　ユリ・ゲラー！　秋山眞人！

**山本** 森達也の『スプーン』という本では秋山さんが解説してるんだよね。「綾小路鶴太郎のスプーン曲げはトリックだ」とか（笑）。

**志水** でも、実際、よく見るとわかるんだよね。

**山本** うんうん。ビデオで見ていると、曲げる瞬間がわかる。

**皆神** 曲げる瞬間、綾小路氏の腕に筋が入る。彼は鍛えていてぜい肉がないから、力を入れるとピッと筋が入るのがよく見える（笑）。「ここを見てくださいね」とかにげに話しかけながら、その瞬間に腕には筋がピッ！（笑）。力を込めても筋が入らないところまで上達したら、完璧でしたのにね。惜しい人を亡くしたよ。

**山本** ヘタなスプーン曲げの人は、指に力が入っているのが丸わかりなんだよね。

**皆神** 本当のスプーン曲げはスプーンの首しか触っちゃいけない。スプーンの上と下を同時に持って力を入れていいなら誰だって曲げられる（笑）。

**山本** でも、実はユリ・ゲラーのスプーン曲げは何度ビデオを見てもわからないんだ。ちょっと「怪しいな」という瞬間はあるんだけどね。さすがに本家は上手い。

**志水** 専門のマジシャンの人に教えてもらったんですけど、スプーンを裏返すときにやっているみたいですね。

**綾小路鶴太郎**
『たけしのTVタックル』に出演し、スプーン曲げを披露して一躍有名になった。長野県でバーを営んでいたが、2002年死去。

203

# UFOは20世紀最大の神話

**山本** UFOって、すごいと思うのはさ、現代の伝説でしょ？ 20世紀が生んだ最大の神話のひとつだよね、完全に。

**皆神** そうだね。

**志水** 逆に言えば21世紀になったら終わっちゃったのかな（笑）。

**皆神** 結論を出さないで！（笑） だけど、UFOについて現代人が語っているのを後世の人が見たら、昔の人間が「雷様が雲の上で太鼓を叩いてる」と思っていたのと同じレベルだと思われちゃうかもしれない。

**山本** たしかにそうかも。

**皆神** UFOというものがここまで神話として定着すると、このミームを覆すのは難しいな、と思うんだ。よほど大事件でもない限り、新しいミームが出てこないんじゃないかと。

## ◆UFOは冷戦時代の産物だった

**皆神** 「MJ-12」の頃から始まって、80年代から90年代にかけて、UFOがらみなら何でもありという大狂乱の時代があったんだけど、そのあとは何もなくなっちゃった。美術界が最後にダダイズムを生み出したから、そのあとも革新的なものを何も生み出せなくなったのと同じで、「メチャメチャなもの何でもアリ！」みたいなことを言われたら、もう次が出せなくなっちゃったんじゃないかな。次はぜひ、美的に美しい3メートルの宇宙人が100体降臨！とかね。原点に返って、美しくならないと。

**山本** たしかに80年代の話はすごかったよね。「地下基地に宇宙人が3000人いる」とか(笑)。

**皆神** 常軌を逸していたもんね。

**志水** それがまたイラストになって(笑)。

**山本** 「地下にマンハッタン島と同じ大きさの秘密基地がある」という話だった。

**皆神** いつ、誰が、どうやって作ったんだよ？という。あと、どうやってゴミを処理してるのかという有名な話がある(笑)。架空戦記じゃないけど、最初に言ったもの勝ち！みたいなところがあって。

**山本** 「アメリカじゅうに秘密基地があって、それがみんな地下でつながっている」

第9章◎UFOは20世紀最大の神話

究しはじめて、「なんて面白いんだ！」と思ってたけど、やっぱりロズウェルで終わっちゃった。

**志水** 「妖精ブーム」というのがあったんだけど、あれも妖精の写真が出たら突然バタッと終わってしまうんだよ。

**山本・皆神** あー。

**志水** あの写真が出るまでは、妖精のイラストが流行していたの。コナン・ドイルのおじさんも有名な妖精イラストレーターだった。それが、妖精写真が出たらバタッと終わってしまう。UFOブームもそれに近いものがあるよね。やっぱり『インデペンデンス・デイ』で終わったのかな？

**山本** 「幽霊飛行船」が終わったのは、第一次世界大戦のせいだろうな。「幽霊飛行機」は第二次世界大戦のせい。

これが妖精写真

という話もあったね。

**皆神** それが実は謎の地下鉄で日本にまで伸びてきていたりして（笑）。

**山本** 何千キロもあるのに（笑）。

**志水** 日本海溝はどうするんだ！（笑）

**山本** 80年代はやっぱりすごかった！

**皆神** その頃、本格的にUFOについて研

**皆神** UFOは9・11で終わった? そんなわけないか。

**志水** 第三次世界大戦で終わるのかな? ゾッとしたよ(笑)

**皆神** そうなるとUFOの予言が当たったことになるからね(笑)。

**志水** ファティマかいな(笑)。

**山本** やっぱりUFOは冷戦時代の産物だったんだろうか。

**皆神** 完全にそうだろうね。「空を見ろ!」というキャッチフレーズどおり。その後、冷戦が終わってからは、アブダクションみたいなものに変化していく。もともと空を飛んでいた点が、冷戦終結以降、急に地上に広がりはじめた。地上にミステリーサークルの輪を描いたり、牛をキャトル・ミューティレーションしてみたり。それから、アブダクションも爆発して。それまでずっと潜っていた、伏流だったものが、MJ-12の頃から一気に表舞台に出てきたんです。それが狂乱時代ですね。それが終わってしまって、今の静けさの状態につながっている。UFOの元祖のアメリカも、今はUFO不況状態だよ。

**志水** ブームの反動かねー。

**山本** やっぱりエイリアン・アブダクションあたりが潰れてしまったのが、大きな原因じゃない?

**皆神** あれはもう潰れちゃったのかな?

**山本** まだ続いてる?

**皆神** まだ続いていると思う。ミステリーサークルも本場イギリスではまだいい「作品」が続いているのと同じようね。ゾンビのように生き続けているUFO研究家やビリーバーの人も多いからさ。絶対なくならないよ。ただ、常に信じている人と、常に反対している人以外の一般大衆を巻き込む力が、両方ともになくなっているということは言えるかも。バーッと広がる力がない。今、どの超常現象の世界でもそうなんじゃないかな？

### ◆ビリーバーは宇宙人をナメている？

**山本** でも、そういうビリーバーの人って、政府や宇宙人の知能をナメているのですか？

**皆神** そうそう。唯一ナメないのは自分の知能だけどね（笑）。だって、どうしてキャトル・ミューティレーションが宇宙人と結びつくのか。円盤が牛を持ち上げている姿なんて、ほとんど目撃例などないわけだからね。牛が倒れている、体の一部が欠けている、血がない、その状況は認めることができても、それがどうして宇宙人の仕業に結びつくのか。それは何の根拠もないんです。UFOも一緒ですよ。本当はアメリカ政府が秘密兵器を作っているんだけど、バレちゃいけないから「UFOを作っている」と嘘の情報をまわりに流しているだけだ、とか言っている。そんなことをしたら、よけ

い見物人が来ちゃうよ（笑）。お陰でエリア51が世界一有名な、誰もが知っている秘密基地になってしまったことをいまだ何も学んでいない（笑）。

**山本** それは『仮面ライダー』とかで悪の組織が秘密基地に人を寄せ付けないように幽霊騒ぎを起こすのと同じだよね（笑）。そんなことしたら、みんな来るよ！

**皆神** 何も言わなきゃいいのに（笑）。それを「隠蔽工作だ」と本気で信じるバカな人がいるんだから。宇宙人騒ぎがなければ、エリア51なんて誰も知らなかったよ。

**志水** そりゃそうだ。

**山本** キャトル・ミューティレーションをするのは、宇宙人が牛の血を必要としているから？（笑）

**皆神** それなら、自分のところで繁殖させればいいんだよ。いちいち牧場で牛の血を抜かなくてもいい。血を抜いた後の牛とか、そのまま置いていくなよ！とか（笑）。牛の死体までちゃんと持って帰れば見つからないのに。宇宙人はバカだから、そういう智恵さえないってことですか？ ミステリーサークルをいちいち畑に作って、あれで地球人と交信してるんだよ？ そんなの、どこか一箇所に降りて手紙でも何でも渡せばいいんだから（笑）。畑に象形文字みたいなものをいちいち描く必要なんてまったくない。

**山本** あれは最初、何人かの宇宙人が始めたんだよ。そのあと、宇宙人が１００人を超えたからみんなが一斉にミステリーサークルを作りはじめた（笑）。

第9章◎UFOは20世紀最大の神話

皆神　おお、百匹目のサルならぬ、百匹目の宇宙人説！
志水　進化してるんだかしてないんだか（笑）。
皆神　ミステリーサークルに関して僕がいちばん好きな説は、「UFOから降りてきた宇宙人が板を踏んでミステリーサークルを作っている」という説（笑）。こうなると何が偽物で何が本物なのか、区別が大変に難しい（笑）。
志水　その光景を想像するとシュールだよね（笑）。

### ◆UFOの写真には著作権がない！

山本　さて、UFOの面白さをどうやってみんなに知ってもらおうか。まずはこの本を読んでもらわないといけないわけだけど（笑）。
志水　でも、最近はいい本があるよね。
皆神　うん。昔は日本にいい本はなかったんだけど、最近はまともな本が出るようになったよね。
山本　資料も揃ってきたしね。そのあたりはインターネットの普及が大きいよ。検索すれば、資料は確実に出てくるから。いまだに検索しない人がいる、という話なだけで。
皆神　英語圏の資料が簡単に読めるようになったんだよね。海外の文献でも、アマゾ

**百匹目のサル**
イギリスの生物学者、ライアル・ワトソンが自著『生命潮流』で述べた説。宮崎県の幸島に住む野生のニホンザルにサツマイモの餌付けを行っていたところ、1匹のメスザルがサツマイモを海で洗って食べることを覚えた。徐々に真似をするサルが増えていったが、そのサルの数が一定数を越えたとき、なんらかの閾値を超え、その日のうちには島のサルほぼ全員が同じことをするようになっていた。また、ほかの島のサルや本州のサルにも自然発生していったという。ただし、この話はワトスン博士の創作であるという。

210

ＵＦＯは20世紀最大の神話

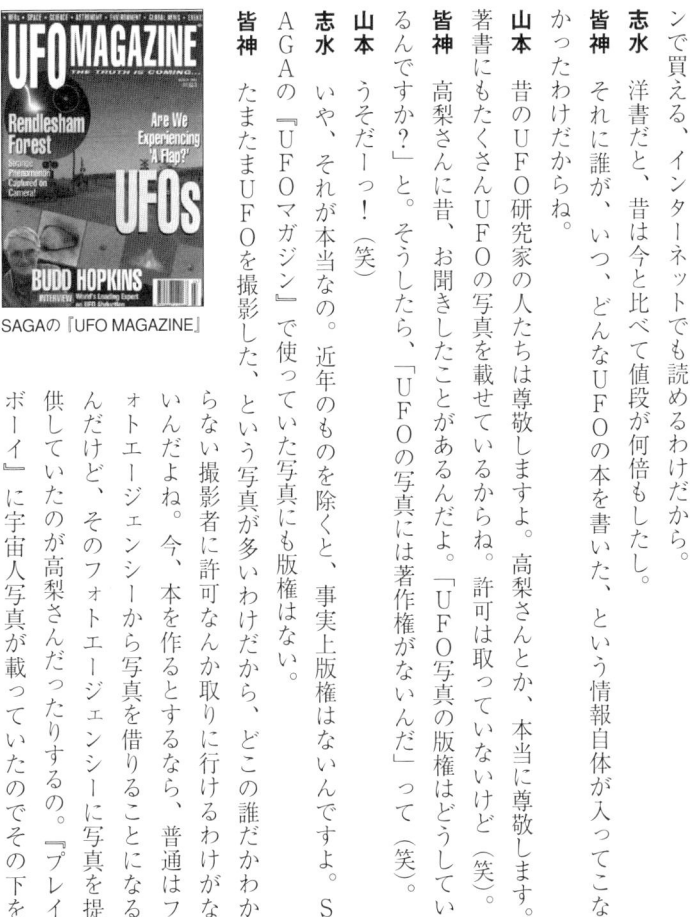

**志水** 洋書だと、昔は今と比べて値段が何倍もしたし。

**皆神** それに誰が、いつ、どんなＵＦＯの本を書いた、という情報自体が入ってこなかったわけだからね。

**山本** 昔のＵＦＯ研究家の人たちは尊敬しますよ。高梨さんとか、本当に尊敬します。著書にもたくさんＵＦＯの写真を載せているからね。許可は取っていないけど（笑）。

**皆神** 高梨さんに昔、お聞きしたことがあるんだよ。「ＵＦＯ写真の版権はどうしているんですか？」と。そうしたら、「ＵＦＯの写真には著作権がないんだ」って（笑）。

**山本** うそだーっ！（笑）

**志水** いや、それが本当なの。近年のものを除くと、事実上版権はないんですよ。ＳＡＧＡの『ＵＦＯマガジン』で使っていた写真にも版権はない。

SAGAの『UFO MAGAZINE』

**皆神** たまたまＵＦＯを撮影した、という写真が多いわけだから、どこの誰だかわからない撮影者に許可なんか取りに行けるわけがないんだよね。今、本を作るとするなら、普通はフォトエージェンシーから写真を借りることになるんだけど、そのフォトエージェンシーに写真を提供していたのが高梨さんだったりするの。『プレイボーイ』に宇宙人写真が載っていたのでその下を

211

見たら©高梨純一とか書いてあった。それはありえないだろう（笑）。

山本　たしかに（笑）。インチキ写真を撮影した人が著作権料を主張してくるのかなぁ。

志水　揉めたらケツ持ちしてくれるから、ということで高梨さんは写真をオリオンプレスに渡したんだよね。

皆神　著作権にすごくうるさかったのは『宇宙人解剖ビデオ』。著作権がらみで絶版にさせられた本もあった。あのとき、サイコップの会誌などでは逆に『宇宙人解剖ビデオ』の写真を平気で使った。もし販売元が訴訟する、と言ってきたら「するならしてみろ。ということは、お前が著作権者、つまり宇宙人解剖ビデオを作った張本人だと認めるんだな」というつもりだったんだと思う（笑）。

山本　すごい！（笑）　たしかにそのとおりだ。

志水　MJ-12の書類もフォトエージェンシーで借りることができるんだよね（笑）。これも何種類かある。トップシークレットのところが塗りつぶしてあるものと、そうでないものと。

皆神　MJ-12文書はそのあと、3段階ぐらいで進化している。MJ-12のマニュアルというものもあるよね。最近になって出てきた新MJ-12文書は全部で数千ページもある。誰も読めないほど膨大な文書群にまで成長しているんだよ。

志水　あれはネット上にあるのかな？

皆神　いや、あれはないだろうね。MJ-12文書専門の研究家親子（ロバート・ウッズ、

UFOは20世紀最大の神話

ライアン・ウッズ)の研究者がUFOの大会で発表しているけど、もう一部分が公文書の丸写しだったことが見つかってしまった。でも、こういうものはいつも名もなきUFO研究家が発表するんだよね(笑)。

**志水** それもアメリカのね(笑)。一発当てようという感じが見え見えだなぁ。

**山本** そういうフェイクを作る連中の努力は凄いよね。

**皆神** フェイクがなければUFOの世界もありませんから(笑)。今日は持ってこなかったけど、今までに撮られたUFOビデオ一覧というものがあるんだよ。もちろんフェイクも混じっているけど、いちおう「本物」として発表されたUFOの映像ばかりを2時間近く集めたものなんですけど、これがつまらないつまらない。だって、ほとんどは空を光の玉が飛んでいくだけの映像なんだから。作り物なら、UFOが空中で揺れているのを見て「これは合成がヘタだ」とか言って楽しめるのに(笑)。だから、UFOの歴史とは、フェイクの歴史なんだよ。

**志水** フェイクを作る人って、雑誌に出たト

ロバート・ウッズ(左)、ライアン・ウッズのMJ-12研究家親子

第9章◎UFOは20世紀最大の神話

るにフェイクを真似してフェイクを作っているんだよね（笑）。

## ◆UFOイコール、プロレス論

**山本** そろそろ話をまとめなきゃいけないんだけど、「UFOイコールプロレス論」というものがあるんだよね。大槻ケンヂさんが言っていた話なんだけど、あれは目からウロコが落ちた！ プロレスはいちおうシナリオがあるんだけど、面白いでしょ。つまり、面白ければシナリオがあってもいいじゃないか、という話なの。UFOも、嘘か本当かわからないけど、面白ければいいじゃないか、と。

**志水** それだと、郡純さんまで行っちゃうよね。あれはまったく創作だから。

**皆神** よくできた創作だったよね。志水さんは、郡純の本に載っていない写真集は見た？「ワカメにまみれている宇宙人の死体」を作っているときの写真とかが載っているんだよ（笑）。

**山本** メイキング写真だ（笑）。いいなぁ、それ。

**志水** ぜひともそっちを出版してほしい（笑）。

**皆神** 郡さん本人とは会ったことあるよ。

**志水** あと、テレビに出てたよね、郡さん。

**郡純**
著書に、海外と日本で起きたエイリアン・アブダクションの事例を集めた『異星人遭遇事件百科』など。九十九里浜に打ち上げられた異星人の死体写真が白眉。

214

## UFOは20世紀最大の神話

**志水** そうそう。深夜番組でしたけど、「日本の地域によって、来ている宇宙人の母星が違う」と言ってた。おいおい（笑）。

**皆神** まだオカルト雑誌の『ボーダーランド』があったときに、「宇宙人がどこの星からから来ているかが一目で分かるチャートを作る」という企画があったんだよ。それで編集部から問い合わせの電話があったの。「おうし座から来ている宇宙人がいるって書いてある本があるんですけど」って。だもんで「その宇宙人、牛の顔をしているって書いてありませんか？」って問い返してみたら、「ええ、牛の顔をしているようなんですよ」って（笑）。やはり、全文フェイクの郡さんの本をタネ本にして特集を作ろうとしていたの。おうし座から来た宇宙人が牛の顔をしているなんて、なんでそんな話を一瞬でも疑おうと思わないの？ だからといって、「どうせUFOの話なんて全部嘘だから」という担当編集者の返事も、また違うだろうと思うんだよね。

**志水** 「どうせUFOなんて」と言われると、本当に腹が立つんです。昔、ある編集さんと話していたとき、「どうせ本当のことなんてわからないんですから」と言われて、それは違うだろう、と思ったね。

**山本** 嘘だからといって、バカにするのは違っているよね。「だって作ってる人はこんなに頑張っているんだから！」と思わなきゃ。プロレスろくに見たこともないのに、「どうせ八百長だから」とバカにするのは間違ってるよ。

**皆神** 僕がUFOを面白いと感じるのは、たとえばロズウェル事件なんか、ものすご

第9章◎UFOは20世紀最大の神話

くたくさんの証言やデータがあって、内容的にはガチガチに固まっているわけ。それらを読めば、UFOは墜落していて、宇宙人の死体がどこかに隠されているとしか思えない。でも、「なんかヘンだな」と思う小さな穴を見つけて、それに指を突っ込んで徐々に拡げていってみたら、最後には全部が嘘と勘違いだらけの瓦礫の山に変わっていってしまった。まったくの虚構の上に、巨大な帝国が築かれていただけ、ということが一望に見渡せるわけなんだ。これがなかなか気持ちいいんですよ。それと、さっき山本さんも言ってたけど、否定とも肯定ともいえないような、なんともナンセンスな事件があったりする。そのふたつが見ていて、なんとも面白いよね。さっきの話でいうと、トラックを運転していたら「火が欲しい」というメッセージを見た事件。これを「嘘じゃん、バカじゃん」と言うのは簡単だけど、僕らはたぶん、その人は本当にその文字を見たと思っているんだろうな、と思う。そのあたりの美味しさの噛みしめ方をわかってほしいな、と思うね。

**山本** そのトラック運転手がプロレスを見たら、「本当にやっている！」と思うだろうな（笑）。

**皆神** それもまた違うんだけど（笑）。なかなか難しいよね。空に光の点を見た瞬間、「俺はUFOを見てしまった！ 気がおかしくなってしまった！ UFOは本当にあったんだ！」と思い込むのもこれまた違うでしょ。どっちに振れることなくニュートラルに愉しむという独特のスタンスをとるのがなかなか難しいんです。

**山本** すぐに両極端になってしまうんだよね。

**志水** そうそう。

**皆神** 真ん中にいちばん美味しい、なんだかわからないグレーゾーンがあるんだけど、そこがなかなか人々に受け入れられない。言っていることは嘘なのかもしれないけど、語っている本人は本気なのかもしれない。そこの部分の隠されたヒダみたいなものが面白いのにね。面倒なのか、思考を省略したいのかわからないけど、すぐに「嘘か本当か、ふたつにひとつ」という話になってしまう。それがそもそもの間違いのはじまりなのに。

**志水** 介良事件もわからない部分があったりするんだよね。『11PM』で事件を扱ったとき、上京してきた目撃者のうちのふたりと、僕と並木さんが会って話をしたんです。そのとき、大きな灰皿を渡して、「UFOの大きさはこんな感じでしたか?」と聞いてみたら、一方は「だいたいこんな感じだった」と言ったんだけど、もうひとりが「いや、違う」と言って、ふたりが言い争いを始めたの。作り話なら、まず口裏を合わせるでしょう。ところがそうではなくて真剣に言い争っている。それを見て、「あ、これは本当に何かあったんだな」とゾッとしたんですよ。

**山本** 逆に、そこまで上手く作り話ができるなら、それはすごいよね。すごい練習を積んだプロレスラーみたい(笑)。

**皆神** 裏の穴からヤカンで水を入れちゃったりしてよね(笑)。

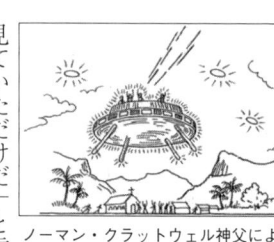

第9章◎UFOは20世紀最大の神話

山本　そういうディテールがいいじゃない（笑）。
皆神　でも、作り話だとしたら、なかなか思いつかないディテールだよ。
志水　パプア島事件で、低空に下りてきたUFOの乗員と手を振りあうんだけど「あ、飯の時間だ」と思って食事に行ってしまうんだよね（笑）。あれもよくわからない。
皆神　そのパプアのUFOについて、「自分のまつげを見ていただけだ」と言い切った否定派の学者がいた（笑）。もう、こうなるとデバンキングなのかどうかもわからない（笑）。UFOの目撃談証言自体もわけがわからないのに、説明している原理のほうはもっとわからないんだから（笑）。
志水　メンゼルですね。あんまりひどいんで、ハイネックの本（『UFOとの遭遇』）の最後に見せしめみたいにしてその文章が巻末付録として付いてるの（笑）。残念ながら、日本語版ではカットされているけど。
皆神　昔は肯定派と否定派の戦いも、目くそ鼻くそみたいなものだったんだけど、そんな感じで肯定派と否定派の戦いも、海外じゃかなりソフィスティケイトされてきるよね。
志水　さすがにまつ毛だ、という人はもういない（笑）。
皆神　もっとも、そんな状況にお構いなしの日本では30年以上たっても、まだ同じよ

ノーマン・クラットウェル神父によるスケッチ

**パプア島事件**
1958年、パプア＝ニューギニアに滞在していた宣教師であるウィリアム・ブース・ギル神父と原住民が目撃したUFO事件。6月26日には、4時間にわたって飛び続けたUFOを38人の原住民とともに目撃したという。また、その翌日の27日にもUFOは現れ、円盤の上部から4人の搭乗員が現れて、神父が手を振ると、4人とも同じ動作を繰り返したという。証言をもとに、ノーマン・クラットウェル神父がスケッチしたものが残っている。パプアでは同年、UFOが幾度も目撃されているが、いずれもカトリック教会の上空に現れたり、神父による目撃談だったりする

UFOは20世紀最大の神話

山本　あと、「ナッツ＆ボルト」系の人たちのUFO本は、筋の通る話しか紹介してくれないんだよね。明らかにナンセンスな話はカットしちゃう。それだけを見ていると「ロズウェル事件は本当なんじゃないか」とか「UFOには宇宙人が乗っているんじゃないか」とか思ってしまいがちなんだけど、いろいろな事件を見ていくと、どんどん信じられなくなっていくんだよね。

皆神　信じる、信じないのレベルじゃなくなってくる（笑）。「なんなんだよ、これ！」みたいな感じになっちゃう。信じるほうもおかしいんだけど、作り話としても変すぎるよね、という。

◆ すごいUFO事件が見たい！

山本　それにしても、すごいUFO事件が見たい！
皆神　見たいよねぇ。
志水　何かひとつ大きな事件が起こって話題になると、掘り起こしがあるからね。それで昔の事件も注目を集めたりする。
皆神　1997年にロズウェルの50周年があってから、宇宙人解剖ビデオが出て……でも、そのあとは本当にたいしたイベントがない。

219

第9章◎ＵＦＯは20世紀最大の神話

**志水** あの宇宙人解剖ビデオは悪影響があったからね。

**皆神** だから、最後のＵＦＯ話としてはよかったかもしれないですね。「もうここまででっち上げればしょうがないよ」と（笑）。

**山本** さぁ、あとははたしてケックスバーグがどこまで頑張ってくれるか（笑）。

**皆神** いやぁ、ケックスバーグはダメでしょう（笑）。ただ、また20年も経てば、同じこと言っても新しいと感じてもらえるかもしれない。なにしろＵＦＯには歴史が存在していないからね。せいぜい10年ぐらいしか持たないようなものなんだよ。10年後には「ロズウェル⁉　何それ⁉　何それ⁉」って、みんな驚くと思う（笑）。「どうして今までこんな凄いことが明らかにされてなかったんだ！」って（笑）。

**志水** フリードマン博士という人がいるんだ！　とか（笑）。

**皆神** それにしても、単に否定派だとか簡単に切って捨てないで、ＵＦＯをまったく信じていなくても、これだけ熱く語り合えるのだという、我々のスタンスについても、もう少し理解していただけたらありがたいですよね（笑）。

## UFO用語の基礎知識
# さらに深く知りたくなった人のために 推薦UFO図書一覧

これからUFOにハマってみたい、UFOの真実を知りたいという人のために、おすすめの本を選んでみた。90年代以降に出た本ばかりなので、すでに書店には並んでいなくても、たいていは通販で入手可能。Amazonやビーケーワン、紀伊国屋書店BookWebなどで検索してみていただきたい。

くれぐれも初心者は矢追氏や飛鳥氏や並木氏の本から入らないこと。もちろんラエルやマイヤーなどのUFOカルト本も要注意である。免疫のない人が読むと、信じこんでしまい、あっちの世界から帰って来れなくなる恐れがある。これらの本でしっかり基礎知識を身につけてからにしていただきたい。

## 【1・UFOの基礎知識を学ぶなら】

●ピーター・ブルックスミス
『政府ファイルUFO全事件』(並木書房・98年)

初心者に入門編としておすすめする1冊を選べと言われたら、これを選ぶ。半世紀のUFO史をわかりやすく解説した本。

タイトルからすると、よくある政府の隠蔽工作を批判したものかと錯覚しそうだが、逆に「政府による隠蔽工作」という妄想を打破する立場から書かれている。徹底して懐疑的な視点が誠実である。

◎UFO用語の基礎知識

●デニス・ステーシー&ヒラリー・エヴァンス編
『UFOと宇宙人 全ドキュメント』（ユニバース出版社・98年）

歴史的に有名なケネス・アーノルドの目撃報告、プロジェクト・ブルーブックによるソコロ事件の調査など、この半世紀の様々なUFO事件のあらましが、研究家たちによって語られる。この厚さと内容の濃さで2800円ってのは良心的！

●カーティス・ピープルズ
『人類はなぜUFOと遭遇するのか』（ダイヤモンド社・99年 文春文庫）

様々なUFO事件の裏側が懐疑派の立場から詳しく検証されている。訳者の皆神龍太郎氏によるロズウェル事件の解説も詳細で嬉しい。

●コリン・ウィルソン監修
『超常現象の謎に挑む』（教育社・92年）

超常現象全般を扱ったビジュアル本だが、UFOについても多くのページを割いている。マイヤー事件やセルジー・ポントワーズ事件の真相、20世紀初頭の幽霊飛行船騒動、UFOカルト、研究者による様々な説の紹介など、この1冊でとてもお得。原著が出たのが1984年なので、近年の動向についての記述がないのが欠点だが、それでも充分に面白い。7115円という値段に二の足を踏む人も多いかと思うが、B4版で500ページ近くあり、全ページ写真入り（しかも大半がカラー）という豪華さなので、むしろ安いぐらいだ。

●マイク・ダッシュ
『ボーダーランド』（角川春樹事務所・98年）

これも超常現象関係の本だが、UFOについての

記述も多い。ＵＦＯというのは「宇宙人の円盤」なんて単純な概念じゃくくれない奇怪な代物だということがよくわかる。

嘘とわかっている事件については、「これは嘘」とはっきり書いているのも良心的。当たり前のことのようだけど、日本のＵＦＯ本の多くは、こんな基本的なことすらやってないんだよなぁ……。

●中村省三
『宇宙人大図鑑』（グリーンアロー出版社・97年）
世界各地で目撃された宇宙人の姿を、目撃者の証言に忠実にイラストで再現した本。あまりにもマヌケすぎる宇宙人の行動と。ヘンテコリンな外観。爆笑のトンデモ本なんだけど、宇宙人遭遇事件なるものが、どれもこれもマヌケな代物であることが一目瞭然で、その意味では勉強になる本。

●双葉社ムック好奇心ブック63
『ここがヘンだよ！宇宙人』（双葉社・00年）
ＵＦＯ遭遇談やＢ級ＳＦ映画に登場する宇宙人た

ちのヘンな行動を笑い飛ばした本。ギャグ本にもかかわらず、けっこうリサーチが行き届いており、良心的な作りである。

◆【２・著名な研究家について知っておこう】

●Ｊ・アレン・ハイネック
『第三種接近遭遇』（ボーダーランド文庫・98年）
天文学者で世界的に有名なＵＦＯ研究家ハイネックの代表作。以前に大陸書房から『ＵＦＯ研究家ハイネックとの遭遇』という題で出た本の復刻。科学者らしく、あくまで冷静な筆致に好感が持てる。

●ジャック・ヴァレー
『人はなぜエイリアン神話を求めるのか』（徳間書店・96年）
ハイネックと並ぶ著名な研究家。たまに妙ちくりんな陰謀論を唱えたりする困った人だけど、懐疑精神は旺盛。この本の中でも、ジョン・リアの荒唐無

◎UFO用語の基礎知識

稽な告白に興奮する研究家仲間に冷や水をぶっかけるようなことを言ったりするのが、何とも痛快。他にも面白いエピソードが満載である。
尻切れトンボな終わり方だなあ、と思ったら、原著の結論部分が大幅にカットされてるんだって。徳間書店さん、こんないいかげんな商売やめてよ。「脳内メカニズムの悲劇!?」なんて副題つけるのも。

●ジョン・A・キール
『プロフェシー』（ソニー・マガジンズ・02年）
以前に国書刊行会から『モスマンの黙示』という題で出版された本が、映画化に合わせて新訳で出版。1960年代にウェスト・ヴァージニア州で起きたモスマン（蛾人間）事件を扱っており、あまりにも面白すぎて引きこまれる。おそらくかなり創作が混じってるんだと思うが、いかがわしくてもこれだけ楽しければOKだ！ 矢追さんや並木さんもこのテクニックを見習っていただきたい。

●和田登
『いつもUFOのことを考えていた』（文渓堂・94年）
UFOライブラリーの館長、荒井欣一氏（現在は故人）の半生を紹介した本。子供向けの本なので、内容は平易だが、日本における初期のUFOムーヴメントを知るのに絶好。

⛴【3・だまされないために】

●L・フェスティンガー＆H・W・リーケン＆S・シャクター
『予言がはずれるとき』（勁草出版・95年）
1954年、アメリカでUFOカルトを主宰するキーチ夫人（仮名。本名はドロシー・マーチン）が、宇宙人から啓示を受け、まもなく大洪水が起きると

## さらに深く知りたくなった人のために 推薦UFO図書一覧

予言した。UFOを信じる者だけは、その直前に宇宙人によって救われるという。この本は、そのカルトに潜入した社会心理学者が観察した信者たちの言行を元に、予言がはずれてもなお教祖を信じ続ける人々の心理を分析した古典的名著。1955年に出た本だが、現代でもUFOカルトはしばしば「大異変=UFOによる救済」を予言するので、内容はちっとも古くなっていない。

● 高倉克祐
『世界はこうして騙された』（悠飛社・94年）
『世界はこうして騙されたⅡ』（悠飛社・95年）
コンノケンイチ氏の本に出てくる「UFO写真」

の正体や、UFO番組の嘘を、豊富なデータを元に検証した本。

● 志水一夫
『UFOの嘘』（データハウス・90年）
UFO番組の裏側を暴露した本。メインは矢追純一氏批判で、事実の歪曲、ヤラセ疑惑、盗用疑惑など、あるわあるわ。だいぶ前に出た本だが、ネットだとまだ手に入る。

● 皆神龍太郎
『宇宙人とUFOとんでもない話』（日本実業出版・96年）
ケネス・アーノルド事件、ガルフブリーズ事件、カラハリ砂漠UFO撃墜事件、宇宙人死体解剖フィルムなど、日本のUFO特番でもしばしば取り上げられる事件の真相を解説した本。

● と学会編
『トンデモ超常現象99の真相』（洋泉社・97年 宝島

◎UFO用語の基礎知識

社文庫）

●皆神龍太郎・志水一夫・加門正一
『新・トンデモ超常現象56の真相』（太田出版・01年）
UFO、異星人、超古代文明説などについて、世間で流布している数々のトンデモ説の真相を暴いた本。

♣【4・他にもいろいろ】

●ジョン・リマー
『私は宇宙人にさらわれた！』（三交社・90年）
きわものめいたタイトルだが、実はエイリアン・アブダクションを懐疑的視点から研究した良書。最終的には心理的現象として位置づけている。

●ケネス・リング
『オメガ・プロジェクト』（春秋社・97年）
アブダクション体験と臨死体験の類似性という冗談みたいな発想で書かれた本だが、斬新な視点はなかなかエキサイティング。惜しむらくは、原著が1992年に出た本なんで、その後にクローズアップされた偽記憶症候群についての言及がまったくないこと。だから壮大な間違いである可能性が高い。でも、いいんだよ、面白けりゃ！

●稲生平太郎
『何かが空を飛んでいる』（新人物往来社・92年）
いきなり「空飛ぶ円盤は恥ずかしい」という言葉で幕を開ける。世に氾濫する単純なETH本ではなく、UFOという恥ずかしくも奇怪で面白い現象の魅力を存分に語る。巻末のデータも参考になる。

（この項、すべて山本弘）

# UFO年表

## 海外篇

**1882（明治15年）**
8月12日 メキシコの天文台で世界最初のUFO写真撮影。

**1942（昭和17年）**
2月25日 ロサンゼルス空襲事件 数十個の光る物体が上空を通過。日本軍だと思い込まれて大量の高射砲が発射されたが、1機も撃墜できなかった。

**1944・45（昭和19‐20年）**
各地の戦場上空で多くのUFOが目撃され、連合軍はフー・ファイターと名づける。

**1947（昭和22年）**
6月24日 ケネス・アーノルド事件 "空飛ぶ円盤"の名称がうまれるきっかけになった事件。

7月2日 ロズウェル事件 現在最も有名なUFO墜落事件。公式には気球だったとされる。

9月23日 米空軍、非公式にUFO調査を開始。

**1948（昭和23年）**
1月7日 マンテル事件 UFO（実は秘密実験用の気球）を追跡中の戦闘機が墜落。

**1949年（昭和24年）**
8月20日 冥王星の発見者、クライド・トンボーが米ニュー・メキシコ州の自宅前で家族と共にUFOを目撃。最も有名な天文学者による目撃。

12月23日 米『トゥルー』誌で、リンドバーグの副官だった航空ライター、D・キーホー少佐がUFO宇宙飛来説を本格的に展開して話題に。

**1951年（昭和26年）**
後の宇宙人会見談の原型と言われる米国映画『地球の静止する日』公開。

**1952（昭和27年）**

## 日本篇

**1855（安政2年）**
10月2日（新暦11月11日） 安政の大地震。正体不明の光りものが飛来して、浅草寺の五重塔の九輪に衝突。九輪が折れ曲がる。

**1945（昭和20年）**
この頃、日本の特務機関が「空飛ぶ円盤」の名称の下で密かに目撃例の調査を行なっていたという未確認情報がある。

**1947（昭和22年）**
7月7日 「東京タイムズ」に「飛びゆく圓盤？」という見出しの記事登場。日本最初の新聞報道だと考えられている。

**1950（昭和25年）**
4月 日本初のUFO図書、ジェラルド・ハード『地球は狙われている』刊行。

**1952（昭和27年）**
8月5日 羽田事件 羽田基地（現在の羽田空港）で、双眼鏡とレーダーでUFOを確認。戦闘機が出現したが飛び去った。

**1954（昭和29年）**
8月 アダムスキーの宇宙人会見記の邦訳『空飛ぶ円盤実見記』刊行。

**1955（昭和30年）**
7月1日 日本初の全国的なUFO研究団体「日本空飛ぶ円盤研究会」発足。

**1956（昭和31年）**
11月 「近代宇宙旅行協会（MSFA）」（後の「日本UFO科学協会（JFOSS）」発足。

**1957（昭和32年）**
7月21日 JFSAを中心に「日本空飛ぶ円盤研究連合（JFSA）」発足。

8月 「宇宙友好協会」（後のCBAインターナショナル）結成。

◎UFO用語の基礎知識

1月　米国の民間研究団体APRO（空中現象研究機構）結成。
3月25日　米空軍のUFO研究部が改組されプロジェクト・ブルーブックと改称、「UFO」の名称が正式採用される。
7月19日・26日　政府で大問題に。
9月12日　ワシントン事件　米国の首都上空にたびたびUFOが出現。

1953年（昭和28年）
1月14日　ロバートソン査問会開催　米CIAが、UFO問題の今後の扱い方について検討したもの。
12月　世界最初の宇宙人会見談、米国のアダムスキーの『空飛ぶ円盤実見記』が、英国で刊行。

1954（昭和29年）
11月21日　政府の依頼で調査を続けていたドイツのロケット学者、ヘルマン・オーベルトが、UFO宇宙船説を認める声明を発表。

1955（昭和30年）
8月22日　ホプキンスヴィル事件　ケンタッキー州で農場に怪物が出現。
英国のUFO専門誌『フライング・ソーサー・レビュー』創刊。

1956（昭和31年）
4月　D・キーホー少佐らが民間研究団体NICAP（全米空中現象調査委員会）を設立。
キーホー少佐の著作に基づく米国映画『世紀の謎／空飛ぶ円盤地球を襲撃す』公開。

1957（昭和32年）
10月15日　AVB事件　ブラジルの農夫がUFO内に連れ込まれ、性行為を強要される。

1958（昭和33年）
1月16日　トリンダーデ島事件　ブラジル海軍の調査船上からUFO撮影。海軍の調査で正体不明とされ、大統領命令で公表されたことから、国家公認写真として有名になる。
12月9日　東京天文台長、宮地政司博士、『毎日新聞』にUFO否定論を発表。米国の否定派物理学者、メンゼル博士の所論の焼き直しに過ぎなかったこともあって、研究者より猛反発。

1958（昭和33年）
1月2日　作家の石原慎太郎氏（現・東京都知事）がゴルフ場で同行者と共にUFOを目撃。後に『毎日新聞』のコラムで公表して話題になった。
9月　朝日新聞ジュニア版別冊『バンビブック　空飛ぶ円盤なんでも号』に、日本の主な研究者がほぼ全員が寄稿。
10月31日　大阪府貝塚市で中学生がUFOを撮影。その真偽をめぐって議論になるが、悪戯で作ってたら写真店が勝手に新聞に通報してしまって引っ込みがつかなくなったものと判明。

1959（昭和34年）
6月27日　筑波山でCBAによるUFO観測会開催。宇宙交信機に応答があったとされる。

1960（昭和35年）
4月　JFSAの機関誌『宇宙機』が、マスコミ報道の増加の反動による会員減により休刊。

1961（昭和36年）
1月29日　地軸は傾く事件　CBA代表だった松村雄亮氏が、1960年代中に地球の地軸が傾いて世界の大惨事が襲うと、宇宙人から聞かされたという話を『産経新聞』がスクープ。松村氏はいったん代表を引退「日本GAP」発足。元CBA代表の久保田八郎氏により、アダムスキーの支持団体

1962（昭和37年）
10月　JFSA会員でもあった三島由紀夫がUFOを扱った小説『美しい星』を発表。

1965（昭和40年）
6月　元MSFA理事、平田留三氏らにより、「日本UFO研究会（JUFORA）」結成。

1967（昭和42年）
6月　CBAが北海道にハヨピラと呼ぶピラミッド公園を建設。各国の

# ＵＦＯ年表

**1959（昭和34年）6月26・27日　パプア島事件**　ニューギニアで、低空まで降りてきたＵＦＯのデッキ上の人々と地元住民が手を振り合う。

**1961（昭和36年）9月19日　ヒル夫妻事件**　アブダクション事件の先駆だが、催眠にかかるまで誘拐の記憶がなく、当時は単なるＵＦＯ目撃事件だと考えられていた。※日本の文献では発生日がまちまちだが、9月19日が正しい。

**1964（昭和39年）4月24日　ソコロ事件**　米ニュー・メキシコ州で、警察官が谷間に着陸しているＵＦＯと乗員を目撃。それまで荒唐無稽だとされがちだった第三種近接遭遇（乗員目撃）への見直しが始まり、新たなＵＦＯブームへ。

**1966（昭和41年）10月6日**　米国政府の委託によるＵＦＯ研究チーム、コロラド大学ＵＦＯ研究委員会（コンドン委員会）発足。**11月27日**　米ウエスト・ヴァージニア州にモスマン（蛾男）と呼ばれる怪物が出現。

**1967（昭和42年）9月8日　スニッピー事件**　米コロラド州でＵＦＯが怪死をとげる。1970年代に話題になった家畜の連続怪死事件、キャトル・ミューティレーションの最初の例だとされる。

**1968（昭和43年）7月29日**　米下院でＵＦＯ公聴会が開催される。

**1969年（昭和44年）1月9日**　コンドン委員会、それまでの空軍の発表と同工異曲の否定的見解を発表して解散。報告書は後に『未確認飛行物体の科学的研究』として刊行。**5月31日**　後に世界最大の民間ＵＦＯ研究団体となる「ＭＵＦＯＮ（相互ＵＦＯネットワーク）」結成。**12月19日**　米空軍のＵＦＯ研究部門閉鎖。

**1973（昭和48年）10月11日　パスカグーラ事件**　米ミシシッピ州パスカグーラで、夜釣り

大使らを招いて盛大なセレモニーを行なう。

**1971（昭和46年）**　アマチュア天文観測家の池田隆雄氏が、天文雑誌で呼びかけて「日本空中現象研究会」発足。

**1972（昭和47年）8〜9月　介良事件**　高知市介良（けら）で、中学生らが小型ＵＦＯを何度も捕獲するも、忽然と消えたという事件。後に作家の遠藤周作氏も調査に現地を訪れ、事実だったとしか思えないと発表。

**1973（昭和48年）1月15日**　池田氏の団体が「日本宇宙現象研究会（ＪＳＰＳ）」（並木伸一郎会長）として新発足。**7月**　久保田八郎氏により、日本最初の一般向けＵＦＯ専門誌『コズモ』創刊。

**1974（昭和49年）4月　仁頃事件**　北海道北見市で、青年がＵＦＯに誘拐されたと主張。日本初の誘拐事件かと注目を浴びるが、宇宙人から授かったという超能力のトリックを作家の平野威馬雄氏に肩を叩かれる。

**1975（昭和50年）2月23日　甲府事件**　山梨県甲府市で、二人の小学生が着陸しているＵＦＯに遭遇。中から出てきた怪物に肩を叩かれる。後に現場から不審な放射能が検出された。**3月21日**　南山宏氏監修による日本最初のＵＦＯドキュメンタリー・アニメ『これがＵＦＯだ！　空飛ぶ円盤』（東映動画）公開。**10月17日　秋田空港事件**　秋田空港の上空に光る物体が出現し、地上からも上空の飛行機からも確認される。

**1976（昭和51年）9月15〜26日**　荒井欣一氏により、東京の霞ヶ関ビルで、国内最大規模のＵＦＯ写真展「ＵＦＯフェスティバル76」が開催される。

**1979（昭和54年）**　荒井欣一氏が自宅の一角を開放して「ＵＦＯライブラリー」（後の「ＵＦＯ＆ＥＴ博物館」）を開館。東京都からも博物館類似施設として公認。

◎UFO用語の基礎知識

中の二人の工員がUFO内に連れ込まれる。

1974（昭和49年）
4月 元米空軍UFO研究部顧問の天文学者、ハイネック博士が米イリノイ州に「UFO研究センター（CUFOS）」設立。

1975（昭和50年）
11月5日 **トラヴィス・ウォルトン事件** 米アリゾナ州ヒーヴァーで青年がUFOに誘拐されて数日後に返されたという事件。その真偽をめぐって大論争になった。

1977（昭和52年）
10月7日 国連総会本会議場で、グレナダのゲイリー首相がUFOに科学的に取り組むべきだと演説を行ない話題となる。

1978（昭和53年）
10月21日 **ヴァレンティッチ事件** オーストラリアで青年の乗った小型機が、UFOの目撃を報告後に行方不明（今日まで真相不明）。

1983（昭和58年）
11月30日 **マンハッタン事件** リンダ・ナポリターノ（芸名・リンダ・コータイル）がUFOに誘拐されたという事件。デクエヤル国連事務総長（当時）が様子を目撃していたと言われるが、本人は否定。

1986（昭和61年）
4月27日 J・アレン・ハイネック博士逝去。
8月28日 APRO代表ジム・ロレンゼン逝去。
11月17日 **日航機事件** 米アラスカ上空で貨物機の機長が球状の巨大UFOを目撃。

1988（昭和63年）
11月29日 ドナルド・E・キーホー少佐逝去。

1989（昭和64年・平成元年）
10月10日 **ボロネジ事件** ロシア共和国ボロネジ市にUFOが着陸し、長身の宇宙人が出現。

1991（平成3年）
英国を中心に、世界各国でミステリー・サークル（クロップ・サークル）が話題に。

1980（昭和55年）
11月 雑誌『ムー』創刊。

1988（昭和63年）
11月5日 高梨氏らを中心に、大阪で第1回「日本UFO学シンポジウム」開催。

1990（平成2年）
10月 福岡県篠栗（ささぐり）町の畑に大小2個のミステリー・サークルが出現。早稲田大学の大槻義彦教授がプラズマによる現象だとする鑑定結果が『文藝春秋』誌に発表するも、後に中学生の悪戯だと判明。
11月23日 石川県羽咋（はくい）市で米ソ、台湾の研究者を招いて「宇宙とUFO国際シンポジウム」開催。海部俊樹首相（当時）が好意的なメッセージを寄せる。

1997（平成9年）
10月18日 「日本UFO科学協会（JUFOSS）」会長、高梨純一氏逝去。同月、同会は休会に。

1998（平成10年）
2月26日 「日本UFO研究会（JUFORA）」会長、平田留三氏逝去。同10月、同会は解散へ。

1999（平成11年）
10月20日 「日本GAP」会長、久保田八郎氏逝去。同年12月、同会解散。

2002（平成14年）
4月18日 荒井欣一氏逝去。
5月28日 JSPS副会長、池田隆雄氏逝去。

（この項、すべて志水一夫）

主要参考文献
Margaret Sachs『The Ufo Encyclopedia』Corgi, 1980／Ronald Story『The Mammoth Encyclopedia of Extraterrestrial Encounters』Constable and Robinson, 2002／荒井欣一監修『UFO遭遇事典』立風書房、1980／『世界UFO大百科』学研、1989／さらにネット上の情報を援用させていただきました。

## トンデモＵＦＯ入門

2005年8月8日初版発行
2005年9月8日第2刷発行

著者：山本弘＋皆神龍太郎＋志水一夫（いろは順）ⒸＣ2005

装幀・本文デザイン：坂本志保

カバーオブジェ製作：デハラユキノリ
カバー撮影：柴田和彦（ライトサム）

口絵イラスト：小松崎龍海
　　　　　　　今道英治
ＤＴＰ・口絵イラスト：釜井多賀子
ＤＴＰ：フジマックオフィス

発行者：石井慎二
発行所：株式会社洋泉社

〒101-0052　東京都千代田区神田小川町3-8
電話：03-5259-0251
郵便振替：00190-2-142410（株）洋泉社
http://www.yosensha.co.jp

印刷所：信毎書籍印刷株式会社
製本所：共栄社製本印刷株式会社

乱丁・落丁本はご面倒ながら
小社営業部宛ご送付ください。
送料小社負担にてお取替致します。
ISBN 4-89691-945-9
Printed in Japan

文中一部敬称略

## 洋泉社　山本弘の本

# トンデモ本?　違う、SFだ!

## 山本弘・著　　　　　　　　　定価：1575円（税込）

　ＳＦブームに火をつけろ！　プロペラ機で火星へ行こう！　自転車は生物である！　地球は昔、平らだった！　ゾウがハングライダーで侵略してくる！　ジャック・ウィリアムスン、Ｃ・Ｌ・ムーア、マレイ・ラインスターなどなど、「と学会」会長・山本弘が生涯をかけて愛する、バカ力に満ちた偉大なＳＦの数々を一挙紹介！

# 山本弘のトワイライトＴＶ

## 山本弘・著　　　　　　　　　定価：1470円（税込）

　誰も語らないから僕が語る！　『ミステリー・ゾーン』『アウター・リミッツ』などの古典ＳＦドラマから『トランスフォーマー』『マペット放送局』『宇宙船サジタリウス』などなど……"センス・オブ・ワンダー"に満ち溢れたテレビ番組の数々！